어떤 날

8

어떤 날 8 망가진 여행

초판 1쇄 인쇄 2017년 3월 20일
초판 1쇄 발행 2017년 3월 25일

글 강윤정, 오은, 위서현, 이현호,
장연정, 정성일, 정세랑

펴낸이, 편집인 윤동희

편집 윤동희
디자인 정승현
제작처 새한문화사(인쇄), 한승지류유통(종이)

펴낸곳 (주)북노마드
출판등록 2011년 12월 28일 제406-2011-000152호

주소 08012 서울특별시 양천구 목동서로 280
(신정동 314) 상가동 1층 102호
전화 02-322-2905
팩스 02-326-2905

전자우편 booknomadbooks@gmail.com
페이스북 /booknomad
인스타그램 @booknomadbooks
트위터 @booknomadbooks

ISBN 919-11-86561-39-3 04980
978-89-97835-15-7 (세트)

- 이 도서의 국립중앙도서관 출판예정도서목록(CIP)은 서지정보유통지원시스템 홈페이지(http://seoji.nl.go.kr)와
국가자료공동목록시스템(http://www.nl.go.kr/kolisnet)에서 이용하실 수 있습니다. (CIP 제어번호: CIP2017005900)

www.booknomad.co.kr

어떤 날

8

망가진 여행

북노마드

prologue

어디로 가는지 모르겠거든, 어디서 오는지를 기억하라.

- 아프리카 속담

contents

Le NORDSUD
CAFE BAR BRASSERIE

MAISON ROBLOT_POMPES FUNEBRES
Mairie du 18e
Jules Joffrin
LABEL5
TRIEZ
OÙ VOUS
VIVEZ
DH-946-YF
80

사진 / 이지예

D

15

ZONE
TOURISTIQUE
SERVICE
NON STOP
BAR
RESTAURANT
LE NOUVEL
30

RESTAURANT
TAKE AWAY
BUS

실패하여 지속될 수 있는 마음

프리모 레비를 찾아서

글·사진 강윤정

어떤 날 8 travel mook

몇 해 전 3월 말 아침, 나는 볼로냐 기차역을 전력질주하고 있었다. 출발 5분 전인 토리노행 열차 티켓을 끊었던 것이다. 학창 시절 단거리 육상선수였던 게 이역만리에서 도움이 될 줄은 몰랐다.

그해 딱 한 주를 이탈리아 북부의 학구적인 도시 볼로냐에서 보냈다. 해야 할 일과 가야 할 곳이 정해져 있는 여행이었다. 그중 하루, 내 뜻대로 보낼 수 있는 날이 있었고, 기차역을 달리던 날이 바로 그날이었다. 토리노에 가야겠다고 마음먹은 것은 한 사람 때문이었다. 프리모 레비Primo Levi, 유대계 이탈리아인이며 아우슈비츠 수용소 생존자인 작가. 그가 나고 자란 곳, 끌려갔다가 돌아온 곳, 자살로 생을 마감한 곳이 토리노이다.

토리노에서 머무를 수 있는 시간은 얼마 되지 않았다. 선택을 해야 했다. 레비가 살던 거리와 그가 묻힌 묘지. 고민 끝에 아우슈비츠에서의 수인번호 '174517'이 새겨져 있는 그의 묘비 앞에 서는 것을 택했다. 삶보다는 죽음이지, 하는 생각. 홀로코스트 생존자로서 프리모 레비가 보여준 행보는 내게 새로운 인간의 척도로 여겨졌다. '이것이 인간인가'라는 그의 책 제목은 나치의 만행과 대다수 독일인의 무지와 외면을 향한 화살인 동시에, 책을 덮을 땐 완전히 다른 방식으로 작가 프리모 레비를 향한 경외의 마음을 담은 문장이 되기도 하였다. 삶에 대한 초월적 의지와 긍정의 상징이었던 그였다. 그런 그가 아파트 난간에서 몸을 던져 자살했다는 사실은 그의 책을 읽으면 읽을수록 충격을 넘어 상처로 다가왔다. 동시에 평생 풀지 못하는 의문으로 남을 거라는 짐작도 들었다.

그러므로 그의 묘비 앞에 서고 싶었다. 나에게 인간에 대한 가장 깊은 이해를 보여준 그에게 고마운 마음을 전하고 싶었고, 함부로 이해한다 말할 수 없는 그 죽음을 좀더 분명한 실체로 마주하고 애도하고 싶었다. 묘지 주위에 나무 한 그루 있을까 궁금했다. 땅속 깊이 뿌리 내린 나무, 그 뿌리에 얽혀 있을 관, 그 안엔 레비의 살과 뼈. 모두 하나가 되는 상상을 해보았다. 그의 인생이 담긴 잎이 돋아나고 해와 바람과 비의 힘으로 그 잎이 맘껏 자라나는 상상.

강윤정

실패하여 지속될 수 있는 마음

강윤정

실패하여 지속될 수 있는 마음

*

토리노 행이 충동적이었던 것만은 아니다. 볼로냐에 도착하기 전 나는 2주간 독일에 머물렀다. 베를린, 드레스덴, 뮌헨에 며칠씩 머무르며 내가 한 일의 대부분은 홀로코스트와 제2차 세계대전의 흔적을 찾아다닌 것이었다. 베를린의 유대인박물관을 떠올려본다. '추방의 정원Garden of Exile'. 가로 1.5미터, 세로 7미터가량의 기둥 49개가 서 있고, 바닥이 12도 기울어져 있었다. 종전 후 실존감각이 뽑힌 생존 유대인들의 마음을 담은 곳. 묘비를 닮은 그 거대한 기둥 사이를 걷다보면 멀미가 났다. 입을 벌린 사람 얼굴 형상의 원형 강철 덩어리들이 바닥에 잔뜩 깔려 있는 '공백의 기억Memory of Void'은 또 어땠나. 일그러진 그 얼굴들은 어느 하나 같은 얼굴이 없었다. 관람객들이 그 위를 걸으면 금속 얼굴들은 울부짖었다. 철그렁철그렁. 한 발 한 발이 죄다 비명이고 울음이었다.

독일에서의 마지막 날에는 다하우 수용소를 찾았다. 뮌헨 시내에서 한 시간 정도 가면 나오는 그곳. 근처 역까지 전철을 타고 가서 버스로 갈아탔다. 이른 시각이었지만 많은 사람들이 다하우 수용소로 향하고 있었다. 모두 말이 없었고 웃음도 없었다. 막사 대부분이 철거되고 그 터만 고요히 늘어서 있는 수용소의 부지는, 너무나 광활해 숨이 턱 막히게 했다. 닭장같이 빽빽한 침대 막사와 나치에게 필요했을 거대한 시체 소각로, 간신히 사람의 형상만 하고 있는 그 시절 수감자의 사진과 그 모습을 잊지 않고 기록해두겠다 말하는 지금의 독일, 그곳은 내 안의 윤리의식과 가치관을 온통 흔들어놓는 역逆유토피아였다.

강윤정

실패하여 지속될 수 있는 마음

강윤정

실패하여
지속될 수 있는
마음

*

상념에 잠겨 있자니 곧 토리노 포르토 누오바 역에 도착한다는 방송이 나왔다. 아무 준비 없이 무작정 기차부터 탔던지라 그제야 구글맵으로 공동묘지를 찾기 시작했다. 뜻밖에도 토리노 시내에는 공동묘지가 여러 군데 있었다. 『시대의 증언자 쁘리모 레비를 찾아서』에서 서경식 선생이 묘사한, "역에서 3킬로 정도 떨어져 있고 도라 강과 포 강이 만나는 지점 근처에 있다"는 정보 하나를 쥐고 범위를 좁혀 찾아보기로 했다. 휴대전화 속 낯선 지도를 여러 번 확대, 축소하며 찾아보니 가능성 있는 곳이 두 군데였다. 이게 말이 돼? 그치만 시간이 없어, 의미 없는 자문자답을 하며 일단 길을 나섰다. '왠지 느낌이 가는' A로 먼저 향했다. 토리노는 매우 쾌청했으나 초속 11미터 강풍이 불고 있었고 도라 강은 래프팅을 해도 될 만큼 스펙터클하게 흘렀다. 허름한 구멍가게에서 산 1유로짜리 감자칩으로 점심을 대신하며 흡사 좀머 씨처럼 몸을 잔뜩 구부린 채 바람의 역방향으로 꾸역꾸역 걸었다. 그렇게 20분쯤 걸었나, 아무래도 서경식 선생이 묘사한 그림과는 달랐다. 내 육감 따위가 뭐라고, 싶어 바로 B 묘지로 방향을 바꾸었다. 보통 이런 경우 한 번쯤은 우여곡절을 겪고 도착해야 또 맞이지(?) 싶기도 했고.

배터리는 급속도로 줄고, 날씨는 가관이고, 시간은 없고, 발을 빠르게 놀리면서 손으로는 그제야 새로이 검색하기 시작했다. 구글에 'primo levi, cimitero'라고 넣어 몇 개의 사이트를 건너가니 결과가 나왔다. 당황스럽게도 A 묘지가 맞았다. 단거리에는 강했으나 장거리에는 약했던 나는 대중교통과 도보를 총동원해 마침내 A 묘지에 도착할 수 있었다. 돌아갈 기차 시간이 정말 얼마 남지 않았다. 입구를 찾아 빠르게 걸었다.

아, 아, 아…… 공동묘지의 문이 닫혀 있었다. 월요일엔 개방이 안 된다는 거였다. 볼로냐에서 토리노로 향하며 혹시 시간이 남아도 미술관 같은 곳은 문을 닫았겠구나 잠시 생각했지만, 공동묘지에도 휴무일이 있을 줄이야(사실 지금도 납득이 가지 않는다).

어쩔 도리가 없었다. 아쉬운 마음이 커 이러지도 저러지도 못한 채 서성였다. 까치발을 하고 담 너머를 한참 훔쳐보았다. 보통 이런 에피소드에는 때마침 구세주 같은 묘지 관리인이 등장, 눈도 코도 빨개져서는 인적도 없는 그 길을 떠나질 못하는 묘령의 동양인 여성을 발견, 사연을 듣고 딱하게 여겨 '원칙상' 안 되지만 '특별히' 개방해주겠다고, '딱 30분만'이라고, 하지 않나? 두서없는 생각만 이어졌다. 운명 같았던 토리노행은 그렇게 실패한 채 끝이 났다.

*

짧은 시간이나마 머물러본 토리노는 이탈리아 주요 도시들의 요란함이 걷힌 아름답고 소박한 도시였다. 너무 유명한 도시만 아니라면 이탈리아는 그렇게 다채로운 충만함을 느끼게 한다. 거리의 풍광에서는 어쩐지 파리의 분위기도 느껴졌다. 그리고 어느 순간 불쑥 모습을 드러내는 저 멀리 알프스. 레비가 겨울이면 암벽 등반과 스키를 즐기던 산줄기도 어딘가에 있을 터이다. 절친했던 친구 산드로와 함께 서너 시간씩 자전거 페달을 밟아 험준한 봉우리를 정복해나갔던 젊은 날의 레비. "길을 잘못 드는 비용조차 치르지 않는다면 스무 살이나 먹은 보람이 없다"며 길 잃은 산속에서도 의기양양하게 노숙했던 두 사람이었다. 얼어붙은 산에서 밤을 보내고 내려온 어느 날, 레비는 이렇게 기록했다. "이것이 바로 곰고기 맛이었다. 많은 세월이 지난 지금 그것을 더 많이 먹어보지 못한 것이 후회된다. 삶이 내게 선사한 모든 좋은 것들 가운데 그 어떤 것도, 까마득한 옛날 일이긴 해도 그 고기 맛을 내지 못했기 때문이다. 그 고기 맛이란 강인함과 자유의 맛, 실수도 할 수 있는, 자기 운명의 주인이 되는 자유의 맛이다."(『주기율표』)

'자기 운명의 주인이 되는 자유의 맛'을 그는 평생을 바쳐, 물러서는 법 없이 원하고 또 원했다. 도무지 해소할 수 없는 절망감과 살아 돌아왔다는 죄책감을 품은 레비, 그 모든 일들이 일어난 뒤에도 변함없이 굴러가는 이 세계를 살아가며 그는 아마 이해할 수 없음에 여생을 시달렸을 것이다. 아니, 이해하지 말아야 한다고, 이해하면 안 된다고 끊임없이 되뇌며 집필을 이어갔을 것이다. 증인으로서, 기록하는 자로서 그를 이끌었던 힘이 어떤 한계에 부딪힌 것일까. 그저 병적인 우울감이 그를 죽음의 손에 넘긴 것일까. 여전히 알 수 없다. 산봉우리를 덮은 만년설이 쏟아지는 햇살에 빛나고 있었다.

*

눈 덮인 알프스를 가만히 보고 있노라니 영문 모를 웃음이 났다. 프리모 레비가 뭐라고 데친 시금치처럼 엉망인 몰골로 꼬박 반나절을 헤맸나 싶었다. 신기했다. 만난 적도 없고, 당연히 말 한번 섞어본 적도 없으며 완전히 다른 시공간을 살았던 누군가를 이렇게 마음 깊이, 오래도록 그리워하고 애도할 수 있다는 것이. 그저 그가 남긴 글을 읽었을 뿐인데 말이다. 단지 그뿐이면서 내가 그를 안다고 느끼는 것, 내가 나 자신을 이해하는 데 그가 끊임없이 도움을 주고 있다고 느낀다는 것. 이건 도대체 뭐라 이름 붙이면 적당한 관계이며 감정일까? 돌아오는 기차에서 곰곰 생각해보니 내가 그동안 레비의 말, 그의 삶과 그가 본 세상에 진심으로 귀를 기울였다는 소박한 사실 하나를 깨달을 수 있었다. 누군가의 말을 하나라도 놓치지 않으려 하고, 머릿속에는 그에게 해주고 싶은 말이 잔뜩 들어 있는 건 대개 연인 사이에 일어나지 않나. 하나, 둘, 셋, 넷…… 흠모하는 작가들을 하나씩 떠올려보며 아이고, 애인 부자다 애인 부자, 그래도 레비가 제일이지, 하다가 잠이 들어버렸다.

몸은 피곤하고 마음은 이상한 날이었다. 다시 토리노에 간다면, 바라던 대로 그의 묘비 앞에 서본다면 그를 떠올릴 때마다 도무지 갈피를 잡을 수 없는 감정에 휩싸이는 이유를 알 수 있을까. 가보지 못한 곳, 달성하지 못한 목표, 만나지 못한 이, 풀지 못한 의문, 못한 것투성이인 하루였다. 다만 이제 프리모 레비를 떠올리면 배경이 되는 풍경이 있다. 언젠가 꼭, 월요일이 아닌 어느 날에 다시, 하고 곱씹는 나도 있다. 그렇게 다음을 기약하며 그사이의 시간에 나는 그의 글을 반복해 읽으며 그의 이름을 더 꼭 쥐고자 한다. 모든 게 뜻대로 되었더라면, 어쩌면 내 안에서 그의 시대에 마침표가 찍혔을지도 모를 일. 그의 죽음을 이해했다 성급히 생각했을지도 모를 일. 여러 의미로 뜻밖이었던 그날 덕분에 나는 오늘도 프리모 레비에게 더 다가가고자 내 마음 한구석을 들여다본다. 지속되고 있다.

강윤정 / 문학 편집자. 소설 리뷰 웹진 <소설리스트 sosullist.com>의 필진으로 참여하고 있다.
@essay_u

여행을 하는 데 가장 필요한 것

글 오은
사진 이지예

어떤 날 8 travel mook

2006년, 친구와 여행을 가기로 했다. 맥주 한잔하다 친구가 불쑥 질문을 던진 게 여행의 발단이었다.

◇ 남들은 다 좋아하는데, 너는 그다지 끌리지 않는 게 있어? 있다면 뭐야?

○ 응? 갑자기 그런 질문을 왜 하는 건데.

◇ 그냥 궁금해서.

○ 음…… 그렇다면 여행? 웬만한 사람들은 다 좋아하는데 나는 썩 좋아하지 않는 것 같아.

◇ 정말? 여행 가면 기분 전환도 되고 좋잖아. 견문도 넓히고.

○ 아주 교과서 같은 소리를 한다? 기억 안 나? 하다못해 수학여행 갔을 때만 해도 내가 신나 보였어?

친구가 맥주를 들이켜며 껄껄 웃었다.

오은

여행을 하는 데
가장
필요한 것

Cafri
2016.03.16
2015.10.17

여행을 가면 기분은 좋은데 늘 어딘가 불편했다. 여행을 떠난다는 상상은 즐거움을 가져다주었지만, 막상 여행에서 접하는 다수의 불편함은 번번이 나를 위축시켰다. 단순히 낯선 곳에서 밥을 먹고 낯선 곳에서 잠을 자야 하는 데서 오는, 심신의 불편함이 아니었다. 그것은 계획이 어그러지고 변수가 등장하고 불쾌한 상황에 직면할 수 있는 가능성 때문이었다. 예상할 수 없는 일, 예기치 않은 일에 대한 모종의 공포가 나를 휘감고 있었다. 그런 순간이 찾아올 때마다 내 눈앞은 캄캄해지고 머릿속은 새하얘졌다.

○ 근데 너는 그런 거 없어?

친구에게 되물었다.

친구는 기다렸다는 듯 대답했다.

◇ 나? 등산. 물론 등산을 좋아하지 않는 사람들도 많겠지만, 내 주위 사람들은 산에 오르는 걸 좋아하더라고. 나는 정말 싫은데. 우리 과에서 한 달에 한 번씩 서울에 있는 산을 차례차례 돌아가며 등산을 하는데 정말 죽을 맛이야. 눈치 보여서 빠지기도 쉽지 않고. 나중에 사회생활을 하게 되면 더하겠지?

말을 마친 친구와 잔을 부딪쳤다. 우리는 한동안 아무 말도 하지 않았다. 커가면서 좋아하기 때문에 기꺼이 하는 일도 늘어났지만, 동시에 하기 싫은데도 억지로 해야 하는 일도 많아졌다.

이런저런 얘기를 나누며 술잔을 기울이다 서로 기분 좋게 취했다. 친구가 입을 열었다.

◇ 이번 기회에 우리가 별로 안 좋아하는 것을 해보는 건 어떨까? 좋아하지 않는 것의 좋은 점을 발견할 수도 있잖아.

○ 그럴까? 다음 주에 해볼까?

◇ 응, 주말 피해서 3박 4일로 여행을 다녀오는 거야. 등산도 하고.

○ 3박 4일? 1박 2일이 아니라?

◇ 그럼 2박 3일로 다녀오자. 하루는 산에 오르자. 아무런 계획 없이 단지 자유롭게! 여행지도 여행을 떠나는 당일에 정하는 거야, 어때?

방학이었고, 당장 마무리해야 할 일도 없었다.

○ 그래, 그러자.

흔쾌히 수락했지만 집에 오는 내내 마음이 무거웠다. 이 갑작스러운 여행이 과연 즐거울 수 있을까?

⋮

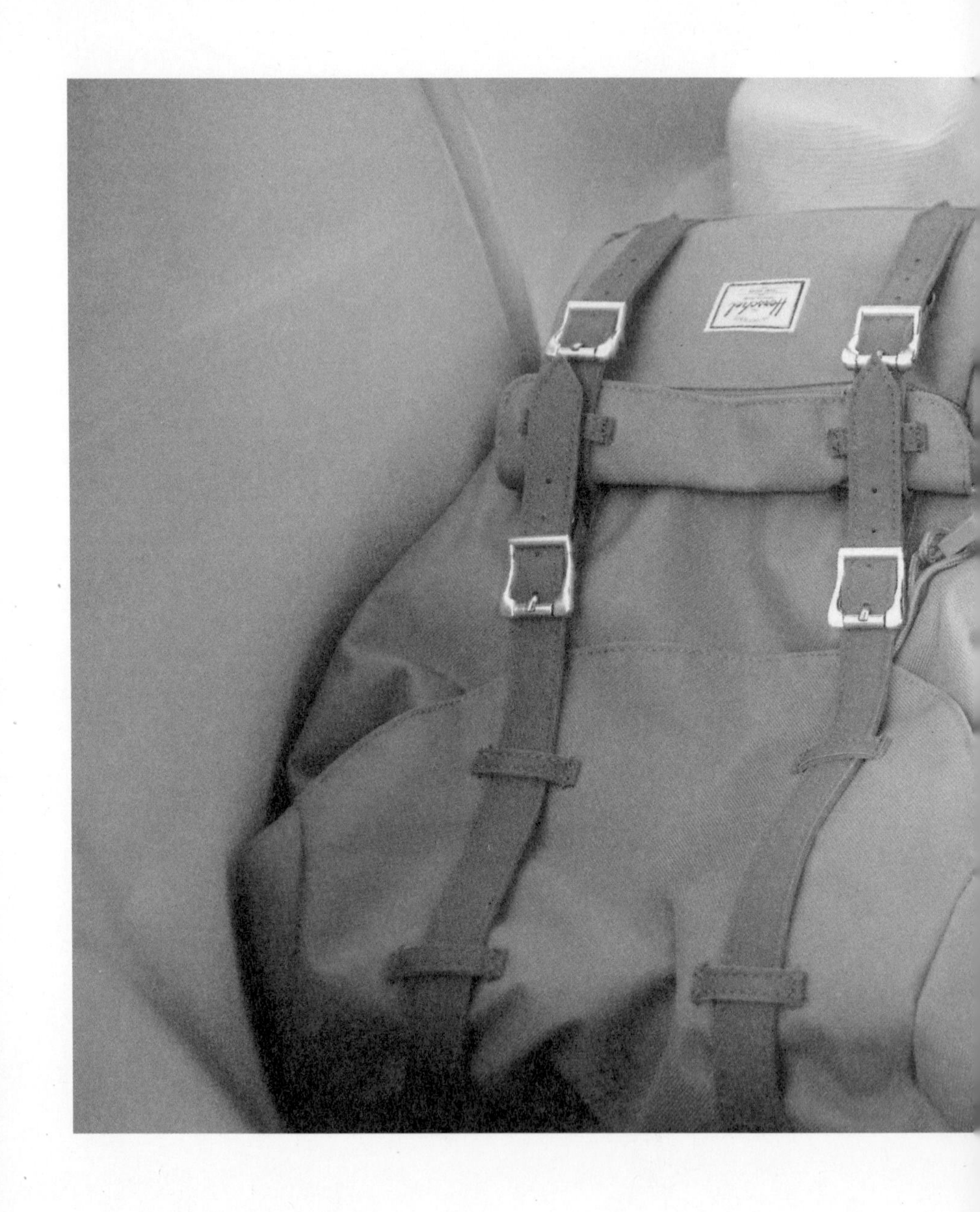

오은

여행을 하는 데
가장
필요한 것

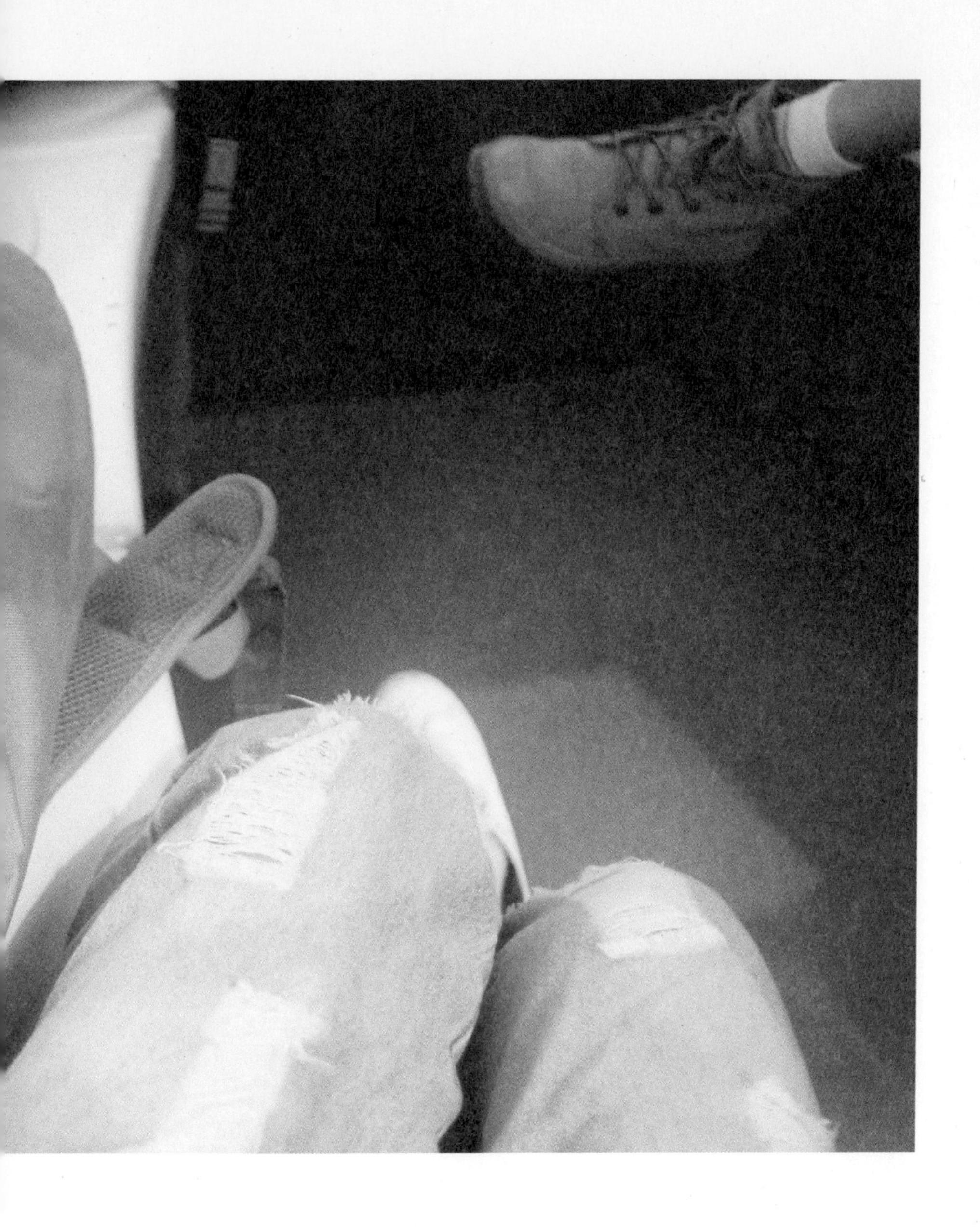

약속했던 날이 밝았다. 나와 친구는 용산 근처에서 만났다.

○ 용산, 잘 알아? 왜 하필 용산에서 보자고 했어?

내가 물었고 친구는 고개를 가로저었다.

◇ 지하철 노선도 보니까 여기가 우리가 사는 곳 딱 중간이더라고.

숨 한 번 쉬지 않고 술술 말하는 친구를 보며 나는 멍해졌다. 난 생처음 계획을 세우지 않고 마음 내키는 대로 여행을 떠나기로 했는데, 막상 그런 상황에 처하자 어안이 벙벙했다.

◇ 일단 차부터 빌리자.

친구와 렌터카를 빌리기 위해 근처 렌터카 업체를 찾았다. 포털에서 제공하는 정보가 잘못되었는지 주변을 몇 바퀴 돌아다닌 후에야 업체를 발견할 수 있었다.

◇ 그래도 결국 찾았네.

낙천적인 친구의 모습을 보고 피식 웃음이 새어 나왔다.

차를 빌리는 것도 그리 만만치는 않았다. 방학 때고 주중이라 괜찮을 줄 알았는데 친구가 염두에 둔 몇 종류의 세단은 남아 있지 않았다.

◇ 이상하네. 지금 휴가철도 아닌데.

친구가 고개를 갸웃거리며 혼잣말을 했다.

… 요샌 여름 날씨가 워낙 무더워서 휴가철이 따로 없어요.

7월부터 8월은 다 성수기라고 보면 돼요. 근처에 있는 다른 업체도 마찬가지일걸요?

렌터카 사장님의 말씀에 우리는 잠시 얼어붙었다.

◇ 그럼 SUV라도 빌리자.

안절부절못하는 나와는 달리 친구가 먼저 평정심을 되찾았다. 렌터카 요금으로 책정해두었던 비용이 초과된 것은 나중에야 알았다. 얼결에 까만색 SUV에 올라탄 후, 친구가 시동을 걸고 출발할 때까지 나는 잠시 멍한 상태였다. 여행을 떠나기도 전인데 예기치 않은 일이 벌써 터져버린 것이다.

◇ 어디로 갈까?

친구가 물었다.

○ 어?

그제야 정신이 좀 들었다.

○ 글쎄? 어디로 갈까?

당황한 나머지 반문하고 말았다.

◇ 이거 좀 봐, 은아. 도움이 될 거야. 안 가본 도시 가운데 구미가 당기는 곳으로 일단 가자.

친구가 건네준 것은 다름 아닌 전국 지도였다.

○ 차를 빌렸으니 제주도는 못 가겠네?

내 말에 친구가 낄낄거렸다.

○ 속초!

몇 초 지나지 않아 나는 소리쳤다.

◇ 속초, 아직 안 가봤어?

○ 응. 강원도는 늘 멀었던 것 같아.

내 고향은 정읍이고, 초등학교 4학년 때부터 전주에서 자라났다. 수학여행 때를 제외하곤 강원도에 간 적이 없었다.

◇ 그래, 속초로 출발!

액셀러레이터를 밟는 친구의 발에 경쾌한 힘이 실렸다.

⋮

◇ 은아, 일어나.

미시령 톨게이트를 지날 때 친구가 나를 깨웠다. 나도 모르게 까무룩 잠든 모양이었다.

◇ 저기도 한번 가보자. 재밌을 거 같아.

정신을 차리고 처음 본 현수막에는 '장사항 오징어 맨손잡기 축제'라고 적혀 있었다. 계획이 없다는 것은 아무것이나 해도 하등 문제될 게 없다는 말이지 않은가. 나는 즉흥적인 결정이 가져다주는 흥분에 사로잡혀 콧노래를 불렀다. 그때였다. 차의 앞 유리에 우두둑우두둑하는 소리가 났다. 비였다. 친구와 나는 잠시 동안 아무 말도 하지 않았다. 이번 여행에서 단 한 차례도 사용할 일이 없을 것 같았던 와이퍼만 좌우로 운동하기 시작했다(그해 겨울, 나는 신문을 읽다 2006년에 속초가 평년에 비해 강우량이 가장 많이 상승한 지역이라는 사실을 알게 되었다. 그 수치에는 분명 그날 내린 비도 포함되어 있을 것이다).

○ 어쩌지?

◇ 우선 밥이나 먹자. 곧 그칠 비 같아

우리는 근처 주차장에 차를 세워놓고 식당 안으로 뛰어 들어갔다. 식당에 들어서자마자 이상하게 배가 고팠다.

◇ 회는 저녁에 먹고 우선 요기나 하자.

우리는 나란히 해물칼국수를 시켰다. 때마침 TV에서는 뉴스가 한창이었다. 일기예보 순서가 되자 잠시 손을 멈추고 이목을 집중했다.

… 강원 양구군 산간, 양양군 산간, 인제군 산간, 고성군 산간, 속초시 산간에 호우주의보가 내려져 있습니다. 중국 남부에서 소멸되면서 방출된 많은 양의 수증기가 북태평양 고기압 가장자리를 따라 우리나라로 유입된 결과입니다.

부랴부랴 칼국수를 먹고 차에 올라탔다. 친구와 눈이 마주치자 걷잡을 수 없이 웃음이 터져 나왔다. 우리가 이렇게 직접적으로 북태평양 고기압의 영향을 받게 될 줄이야.

◇ 올해, 오징어를 맨손으로 잡기는 힘들 것 같다.

이런 상황에서도 농담을 잃지 않는 친구가 든든하고 미더웠다.

◇ 비가 아주 많이 내리지는 않으니까 해안도로나 한 바퀴 돌자.
우리가 좋아하는 록 음악 크게 틀어놓고.

○ 좋아!

실은 좋은지 싫은지 따질 겨를이 없었다. 계획이 어그러지고 변수가 등장하고 불쾌한 상황에 직면했지만, 기왕에 여기까지 온 거 뭐라도 해야겠다는 의지가 솟구쳤다. 여행은 '나도 몰랐던 나'를 튀어나오게 하는 모양이다. 우리는 미국의 펑크록과 영국의 브릿팝을 들으면서 신나게 해안도로를 달렸다. 비가 오는 날에 빠른 템포의 노래를 들으니 기분이 절묘했다. 바다 위로 떨어지는 무수한 빗방울이 아름답게 느껴지는 순간이었다. 비 내리는 속초도 그리 나쁘지만은 않다는 생각이 들었다.

⋮

날이 어둑어둑해지기 시작했다. 하루를 머물 숙소를 잡을 때까지 비는 그칠 기세가 보이지 않았다.

◇ 비 오는 날 회 먹으면 안 된다는데, 여기까지 와서 그냥 갈 순 없잖아. 맛있는 거라도 먹으면서 아쉬움을 달래자. 대게도 팔면 좋겠네.

편의점에서 구입한 비닐우산을 쓰고 숙소 근처 횟집으로 향했다. 비닐우산은 불량인지 잘 펴지지도, 잘 접히지도 않았다. 별수 없이 비를 쫄딱 맞고 횟집에 들어섰다. 스무 개 남짓의 테이블이 거의 비어 있었다. 하지만 우리는 조금 들떠 있었던 것도 같다. 비는 추적추적 내리고 회는 혀 위에서 살살 녹았으니까. 술이 달게 느껴질 때를 조심하라던데, 그날의 술은 목젖 뒤로 술술 잘도 넘어갔으니까. 회 한 점에 초장을 찍고 건배 제의를 한 다음, 친구가 입을 열었다.

◇ 강원도랑 경상도는 비 온다고 하니까 전라도로 가자.

전라도에는 내 고향 정읍과 내가 초등학교 4학년 때부터 죽 자란 도시 전주가 있다.

○ 어디?
◇ 너 어릴 때 정읍에서 살았다고 했지?
○ 응. 내장산 가게?

친구의 미션은 다름 아닌 등산이 아니었던가!

◇ 응, 넌 진짜 눈치 하난 빨라.

그러나 눈치가 빠르다고 해서 다음 날 우리가 마주하게 될 상황을 내다볼 수 있는 것은 아니었다.

⋮

차를 타고 회를 먹은 다음 날 아침, 속이 몹시 메스꺼웠다.

○ 넌 속 괜찮아? 좀 이상하지 않아?

◇ 왜 그래? 어제 과음한 것도 아니잖아.

배를 움켜쥐고 화장실에 들어갔다. 배가 찢어질 듯 아팠다. 잠시 후, 친구가 화장실 문을 두드리며 말했다.

◇ 은아, 멀었어? 나도 이상해.

오전 내내, 친구와 나는 번갈아 화장실로 달려갔다. 숙소 체크아웃 시간이 다 되어서 지친 몸을 이끌고 밖으로 나왔다. 둘 다 속이 말이 아니어서 점심은 거를 수밖에 없었다.

오은

여행을 하는 데
가장
필요한 것

○ 비 오는 날 회 먹으면 안 된다는데, 왜 그런지 이제야 알겠네.

◇ 우리가 지나치게 많이 먹은 탓도 있어. 회를 다 먹고 매운탕에 대게까지 시켜 먹었잖아. 술도 많이 마셨더니 머리도 아프다.

한 30여 분을 차에 그대로 앉아 있었다.

◇ 내장산은…… 아무래도 힘들겠지? 너무 멀기도 하고.

○ 응, 그래도 설악산에 갈 수는 없잖아. 어제 비가 그렇게나 왔는데.

◇ 속초가 첫 행선지였으니 속리산 갈까? '속'으로 시작하는 곳으로 끝장을 보는 거야. 안 가본 곳이기도 하고.

친구의 말이 뚱딴지같았지만 별다른 뾰족한 수가 없었다.

○ 응, 한번 가보자.

'한번'이라는 단어는 내가 여행에서 가장 많이 썼던 단어이기도 했다. 한번 가보자, 한번 해보자, 한번 먹어보자…… 어쨌든 나는 계획이 없는 여행에 조금씩 적응해가는 중이었던 것이다. 톨게이트를 지난 지 얼마 되지 않아 배에서 또다시 신호가 오기 시작했다. 친구를 애타게 바라보니 걔도 상황이 그리 좋아 보이진 않았다.

◇ 휴게소까지……만 어떻게……든 버텨보자.

우리는 이를 악물고 20킬로미터 정도를 정신없이 달렸다. 차가 달리는 것이었지만, 우리의 오장육부도 함께 요동하고 있었다. 휴게소에 도착하자마자 화장실을 향해 전속력으로 돌진했다. 태어나서 이런 배탈은 처음이었다. 그 휴게소에서 꽤나 긴 시간을 보냈다. 무얼 먹지도 않고 무얼 보지도 않은 채, 그저 들이닥칠지도 모를 그 상황을 기다리며, 아니 기다리지 않으며, 절대 오지 않기를 바라며. 어느새 비는 그치고 해가 뉘엿뉘엿 지고 있었다.

◇ 은아, 우리 그냥 서울로 돌아갈래?

친구의 말에 반사적으로 고개를 끄덕였다.

비록 바다에 가서 물에 발 한번 담가보지 못하고 산에 가려다 정작 휴게소 화장실에서 오랜 시간을 보냈지만, 그 때문에 실패한 여행이라고 말할 수 있을 테지만 이상하게도 여름만 돌아오면 그해의 이틀이 떠오른다. 무계획이 망치고 날씨가 망치고 과식이 망친 여행이지만, 어쩐지 해가 갈수록 그해의 여행은 '망가진 여행'이 아니라는 생각이 든다. 무엇보다 예기치 않은 상황에 적응하는 나를 만들어주었으니까. 예기치 않은 상황에 처하더라도 그 상황을 받아들이고 어떻게든 좋아하는 것을 찾으면 된다는 걸 깨닫게 해주었으니까. 덕분에 이제는 여행을 좋아한다고 말할 수는 없어도 굳이 피하지는 않는다. 여행에 대한 두려움은 여행이 가져다주는 설렘과 한 끗 차이다. 설렘은 여행을 즐기겠다는 마음으로부터 비롯한다. 애쓰지 않아도 되는 일은 하나도 없다.

오은 / 1982년 전북 정읍에서 태어났다. 2002년 『현대시』로 등단했다. 시집 『호텔 타셀의 돼지들』 『우리는 분위기를 사랑해』 『유에서 유』가 있다.

그토록 사소한 기적을 바랐던 어느 여행가의 죽음

글·사진 위서현

#1. 떠나보낸 마음들

괜찮아요.

여행을 다녀와서 조금 피곤한 것뿐이에요.

계획하지 않은 여행이었지만 떠나지 않을 수는 없는 여행이었어요.

여행은 생각보다 조금 길어졌어요.

아무것도 정해지지 않은 여행이었으니까.

헤매지 않는다면, 나서는 길이 두렵지 않다면.

도중에 포기하고 돌아오고 싶지 않다면, 불안함과 망설임이 없다면,

그건 여행이 아니니까.

모든 것을 우연에 맡겼던 여행이었기에 그럴 수밖에 없었어요.

여행에서 무엇을 보았느냐구요?

많은 것을 보았죠. 그리고 그보다 많은 일이 있었어요.

그런데 그런 건 중요하지 않아요.

긴 여행 끝에 내가 어떻게 변했는지가 중요한 거죠.

긴 여행 끝에, 내가 어떤 사람이 되었는지.

그것만이 남는 거죠.

위서현

그토록
사소한 기적을
바랐던
어느 여행가의
죽음

cafe
mo'better
blues

그리고 난, 그 여행의 끝에서
아무것도 믿지 않게 되었어요.

세상이란 것도 사람이란 것도. 마음이란 것도 진심이란 것도.
영원이란 것도 순간이란 것도. 믿음이란 것도 진실이란 것도.
그리고 타인도. 나도…….

어때요, 이만하면 근사한 여행이죠?
사실 이 여행을 떠날 필요가 있었는지 잘 모르겠어요.
지금은 너무 회의적이에요.
이 여행 덕분에 나는 너무 많은 것을 잃어버렸고,
내가 믿었던 것들은 사라졌고,
간직했던 것들마저 빼앗겨버렸으니까.
어이없게도 전에는 믿지 않던 것들,
내 안에 없던 것들마저 잃어버렸어요.
그러니 이 여행을 떠날 필요가 있었을까요.

여행의 끝에서는 무언가를 배운다는 억지를 계속 부리겠다면
난 이것을 배웠다고 이야기할게요.
고통이 아름다움을 남기기도 하지만,
때로는 폐허만을 남기기도 한다는 것을.

그런 고통은 결코 겪어서는 안 된다는 것을 배웠어요.
겪지 않을 수 있다면 어떻게 해서든 겪지 않는 것이 좋다는 것을요.
그런 고통을 겪으면 마냥 밝을 수도, 마냥 어두울 수도 없는,
어디에도 섞일 수 없는 사람이 되어버리니까.
하지만 그것들은 막을 새도 없이 닥쳐버리고
폭풍처럼 순식간에 휩쓸고 가니까.
결국 언제나 그랬듯 그 한가운데에는 불안하게 홀로 선 내가 남고,
내가 남아서 해야 하는 일은 버려진 믿음과, 함부로 짓밟힌 진심과
시간이 남긴 폐허를 떠안는 것뿐이에요.

내가 던진 모든 것.
조금도 남기지 않고 믿은 마음과,
조금도 숨기지 않고 내놓은 영혼은
눈부시게 타오르게 만든 재료가 되었고.
모든 것이 타오르고 버려진 잿더미 한가운데는
영혼만이 남겨졌어요.

여행의 모든 순간은 믿을 수 없이 아름다웠고 눈부셨어요.
그 여행을 떠난 나는 피할 길 없이 모든 순간을 받아들였고,
그렇게 그 길 한가운데서 죽어버렸고,
못질이 되어서는 박제로 남았어요.

위서현

그토록
사소한 기적을
바랐던
어느 여행가의
죽음

여행을 떠나기 전의 나도, 행복하게 여행의 길을 거닐던 나도

이제는 사라져버렸으니 그것이 행복한 여행이었는지

불행한 여행이었는지 판단할 수 없어요.

*

좀 피곤하네요.

여행이 남긴 짐을 정리해야겠어요.

아니, 솔직히 말해서 지금은 정리할 여력조차 남아 있지 않네요.

제 여행 이야기는 끝났으니

이젠 잠시 눈을 감아도 되겠죠.

#2. 말없는 미련

알고 있겠지만, 그대는 정말 완벽했어요.

하지만 그대 역시 배우일 뿐이었죠.

현실을 살아내는 것과 대본을 재현하는 건 엄연히 다른 일이에요.

당신의 연기는 정말 그럴듯했어요.

하지만 연극은 반드시 끝나게 마련이고 삶은……

그래요. 삶은 그렇지 않아요.

영원히 끝날 것 같지 않을 만큼 길고 긴 시간의 마지막까지 남죠.

삶은 숨을 곳이 없어요.

하지만 배우는 무대를 걸어 나가면 그만이지요.

연극을 하는 중에도 무대 뒤에는 늘 숨을 곳이 있으니까.

삶에서 배우가 된다는 건, 그래서 위험한 거예요.

완벽한 배우였던 그대.

그 작은 눈 안의 위선과 두려움과 가벼운 웃음 속에 가려둔

거짓된 진실을 발견하지 못한 나는 실패한 관객이에요.

연극이 삶의 마지막까지 지속될 것처럼

순진한 웃음으로 객석을 채워준 나는 실패한 관객이지요.

연극은 끝났으니 그대에게 꽃을 전합니다.
당신의 연극을 무사히 마쳤음에,
당신의 위선을 아무도 눈치 채지 못했음에.
그대, 조용히 무대를 빠져나갔음에.

그 무대 아래에서는 그대의 삶이,
연극을 벗어난 자리에는 그대의 헐벗은 삶이,
그 자리에서 아주 오랫동안 기다리고 있겠죠.

모든 계절이 담겨 있고
비상飛上과 추락墜落이 아찔하게 뒤섞인 삶이 두려운 그대.
그것이 두려워 황급히 무대로 돌아가는 그대도 끝내 그 삶을 살아가기를.
언젠가는 그 삶을 끌어안을 수 있기를.

*

마침표를 찍고 마치 경건한 무엇처럼 펜을 조용히 내려놓은 그는
세상에 남겨진 마지막 커피 한 모금을 마셨다.
무겁지도 가볍지도 않은 커피 한 모금에
그가 지금 살아내고 있는 삶이 담겨 있다.
나무처럼 거칠고 꽃내음처럼 화려하고
초콜릿처럼 강렬하고 나무딸기처럼 신비로운.
아름답고 불편한 세상의 모든 마음이 담겨 있었다.

푸른 미소의 그가 이 세상에서 마시는

마지막 한잔의 커피가 되기에 충분히 완벽한.

#3. 그런 후회들

그녀의 죽음은 너무나 갑작스러웠다.

아주 사소한 예감조차 없었고, 아주 작은 죽음의 그늘도 없었고,

영화에 나오는 그 흔한 복선도, 일말의 암시도 없었다.

그는 웃었다.

그것은 지나온 모든 시간에 대한 맹렬한 희롱이었고,

날카로운 조소였다.

그 넓고 텅 빈 공간에 넘쳐흐르는 그의 웃음이

바람처럼 가볍고 경쾌해서

그만 "무슨 좋은 일이라도 있어요?"라고 물어버렸다.

너무나 가벼워서요.

그 무거운 발걸음으로 지나온 내 삶이 알고보니 너무 가볍잖아요.

그토록 무겁다고 생각해온 내 삶이 이토록 가벼운 것이었잖아요.

바람보다 더 말이에요. 단 1그램의 무게조차 느껴지지 않잖아요.

왜 그렇게 살아왔을까요.
모든 생의 의미가 이렇게 한순간에 사라질 수 있음을,
모든 것이 아무 의미를 지니지 않는 순간이
언젠가 찾아온다는 걸 왜 몰랐을까요.

모든 것을 후회해요.
솔직하지 못한 것,
가슴이 이끄는 대로 발을 내딛지 못한 것,
그녀의 빛나는 눈빛을 응시해야 할 때
땅으로 시선을 떨궈버린 것,
춤을 추어야 하는 순간에 머뭇거렸던 것,
같잖은 체면과 자존심에 용기내지 못한 것,
심장의 울림을 현실의 무게로 눌러버린 것을…….
현실의 무게란, 이렇게 애초에 존재하지 않는 것이었는데.

모든 것을 잃어버렸어요.
삶은 의미가 아니고서는 아무런 가치를 지니지 못해요.

그녀가 그렇게 갑자기 죽음과 입맞춤하리라는 것을
왜 알지 못했을까요.
죽음은 늘 우리가 살아가는 세상 속에서,
우리 사이를 걸어 다니고 있는데.

이제…… 어떡하죠?

*

그의 웃음은 어느 순간 멈출 수 없는 눈물이 되어버렸다.

누구도 담아낼 수 없는 차가운 강물이 되어 흐르고 또 흐르고 있었다.

99-1
94-2

위서현

그토록 사소한 기적을 바랐던 어느 여행가의 죽음

#4. epilogue

실제만 존재하는 삶처럼 지루한 것도 없다.

살아 있는 동안

내 안의 환상과 오래된 기억 사이를 언제까지나 걷는 여행자이기를.

위서현 / KBS 아나운서. 연세대 대학원에서 심리상담학을 공부했다. KBS 1TV NEWS 7, 2TV 뉴스타임 앵커, 1TV 〈독립영화관〉 〈세상은 넓다〉, KBS 클래식 FM 〈노래의 날개 위에〉 〈출발 FM과 함께〉 등을 진행했다. 지은 책으로 『뜨거운 위로 한 그릇』이 있다.

어떤 싸움의 기록

글·사진 이현호

어떤 날 8 travel mook

결국, 여행을 떠나는 최고의 방법은 느끼는 것이다.

모든 것을 모든 방식으로 느끼는 것.

지나칠 정도로 모두 느끼는 것,

왜냐하면 실제로 모든 건, 지나치니까.

- 페르난도 페소아,

「여행을 떠나는 최고의 방법은 느끼는 것」에서

나는 여행을 좋아하지 않는다. 일상의 안정감이 깨어지는 게 싫기 때문이다. 사람들은 갖가지 이유를 들어 여행을 떠나지만, 그들의 마음속에는 공히 '지금-여기'를 벗어나고 싶은 일탈의 욕망이 도사리고 있다. 여행이 선사하는 설렘과 흥분, 전에 없던 활력은 날마다 반복되는 생활이 어긋나는 데서 오는 탈선의 쾌락이다. 나는 그러한 비일상적이고 극적인 자극을 내가 애써 구축한 일상에 대한 폭력으로 여긴다. 여행의 설렘은 혼돈을, 낯선 환경이 강제하는 삶의 환기는 극도의 피로감을 불러올 뿐이다. 그것은 보통의 생활에 균열을 일으키고, 몸담고 있는 현실을 파괴하는 테러다. 평지풍파다.

사람들 대부분은 여행을 좋아한다. 그들은 기회가 닿는 대로 지금-여기를 떠나고 싶어 한다. 주위를 둘러보면 여행 계획을 짜놓고 공항에 가는 날만을 손꼽아 기다리는 이들을 손쉽게 찾을 수 있다. 통장에 몇 백만 원만 모이면 당장 세계지도부터 펼치는 H나 대책 없는 여행병病 때문에 신용카드 돌려막기에 이골이 난 A 등 내 주변엔 중증의 여행중독자도 적지 않다. 나는 이런 친구들과의 대화에 여행이 화제로 오르면 입이 없는 것처럼 군다. "농경사회가 유목사회보다 더 발전된 거 아냐?" 같은 농담이 어떻게 긴 논쟁의 도화선이 되는지 경험으로 잘 알고 있는 까닭이다.

십여 년 전 한 대학 선배의 서너 평 남짓한 하숙방에서도 그랬다. 비좁은 방에 몇몇 술꾼들이 가까스로 엉덩이를 붙이고 있을 때 누가 불쑥 여행을 가고 싶다는 얘기를 꺼냈다. 곧바로 인민재판이 열렸다. 나를 포함한 몇몇은 그 '여행의 선언'을 골방에 퍼더앉아 있는 우리 처지에 대한 완곡한 비하로 받아들였던 듯싶다. 나는 "여행은 상상력이 부족한 자들에게나 필요한 것이다" 따위의 말을 주절거리며 이기죽거렸다. 묵묵히 말을 아끼던 집주인은 그예 "앉아서 장천리長千里!"라는 외마디소리를 토했다. 한동안 무거운 침묵이 방 안을 짓눌렀다.

최근에도 비슷한 일이 있었다. 여러 작가가 함께한 술자리였는데, 얼마 전 중국을 다녀온 J 소설가가 화젯거리가 되었다. J는 자신이 비행기를 자주 타는 건 순전히 일 때문이라고 말했다. 그는 다른 나라의 공항에 도착하면 뒤도 안 돌아보고 호텔로 직행한다고 했다. 부득불 일이 아니고서는 귀국할 때까지 밖으로 한 발자국도 나가지 않는다는 것이다. 나는 J의 말에 옳다구나 맞장구를 쳤다. 여행 옹호론자들 사이에서 J와 더불어 여행 무용론을 펼치는 동안 꼭 여행을 와 있는 기분이었다고 하면 지나친 과장일까. '한 나라를 다녀오는 것보다 한 사람을 깊이 아는 것이 낫다'는 게 내 지론이다. 얘기를 주고받으며 다른 사람을 알아가는 일은 여행 못지않게 낯선 세계를 대면하는 즐거움을 준다. 인간은 하나의 세계니까. 하나의 소우주라면 더할 나위 없다.

이런 여행관을 가지고 있지만, 물론, 그럼에도 불구하고, 내게도 여행의 경험은 있다. 4년 전쯤 떠났던 최초의 해외 여행은 그중 가장 강렬한 기억이다. 나는 30여 년간 외면해온 해외 여행을 왜 그때 도모했던가. 그즈음 나는 늦깎이 군 생활을 막 마친 뒤였다. 마음 한편에 서른 살내기가 가질 법한 불안과 2년 남짓 강원도 화천에 틀어박혀 있으며 쌓인 갑갑증이 있었다. 이제까지의 삶을 되돌아보고 앞날을 정비하는 계기가 필요했다. 한편 여자 친구의 성화도 있었다. 그녀는 그 나이까지 해외 한번 나가보지 않은 게 자랑이냐며 푸념 섞인 말을 늘어놓았다. 결국 나는 관념 속에 존재하던 여행이라는 괴물의 실체를 확인하기 위해 여자 친구와 함께 비행기에 오르기로 했다.

에멜무지로 결심한 2박 3일간의 홍콩 여행은 시작부터 삐걱거렸다. 나는 평소와는 달리 새벽같이 일어나야 한다는 중압감에 궁싯거리다가 늦잠을 자고 말았다. 모자를 푹 눌러쓴 채 부산쯤이라도 가는 모양으로 몇몇 옷가지들만을 대충 욱여넣은 배낭을 메고 허둥지둥 공항에 도착했다. 제 덩치만 한 캐리어를 끌고 안절부절못하던 여자 친구는 나를 한껏 쏘아붙일 요량이었지만 서둘러 출국 수속을 밟느라 그럴 틈도 없었다. "신발 벗고 타야 돼?" 분위기를 바꿔보려고 던진 농지거리는 그녀의 화만 더 돋웠다. 나는 겸연쩍어서 홍콩에 도착할 때까지 기내 영화만 봤다. 류승완 감독의 〈베를린〉이었다. "모든 것은 처음부터 잘못되었다"가 영화의 카피였다.

도대체 왜 그렇게 자발떨었던 걸까. 나는 생전 처음 발 디딘 거리를 무슨 자신감에서였는지 씩씩하게 앞장서서 걸었다. 여자 친구는 불편한 기색을 숨기지 않고 바람만바람만 뒤따라왔다. 갔던 길을 몇 번이나 되짚으며 이럭저럭 숙소에 도착했을 때는 나도 그녀도 진이 다 빠져 있었다. "간판이 중국어인 거 빼면 서울이랑 똑같네." 이것이 홍콩에 대한 내 첫인상이었다. 그 말은 들은 여자 친구는 안이 훤히 들여다보이는 통유리 화장실에 들어가서는 한동안 나오지 않았다. 나는 최초의 해외 여행이 주는 긴장감을 애먼 그녀에게 참 던적맞게도 풀었던 것이다.

Nikon
FUJIFILM

佳麗賓館
KEI LAI HOTEL
嘉利地産
CAREER PROPERTY AGENCY
KEI LAI HOTEL

우리는 '센트럴'에 있는 '미드레벨 에스컬레이터'를 첫 목적지로 잡았다. 지상의 입구에서 해발 135미터까지 올라간다는 세계 최장의 옥외 에스컬레이터. 그런 사실보다는 이곳이 영화 〈중경삼림〉의 배경이라는 점이 나를 들뜨게 했다. 에스컬레이터 아래로 펼쳐지는 아기자기한 홍콩의 뒷골목을 바라보고 있자니 여자 친구도 화가 좀 누그러진 듯했다. 정말 모든 것은 처음부터 잘못되었던 걸까. 공교롭게도 〈중경삼림〉의 명장면을 찍었던 곳에 다다르자 거기서부터 공사중이었다. 엎친 데 덮친 격으로 갑자기 폭우가 쏟아졌다. 우리는 비 맞은 생쥐 꼴로 이리저리 뛰어다니다가 한 편의점에서 노란 우비를 샀다. 내친걸음을 가까운 '소호 거리'로 돌렸지만, 비에 젖은 회색 건물들에서는 명성에 걸맞은 어떤 화려함도 찾아볼 수 없었다.

기념할 만한 홍콩에서의 첫 식사를 위해 우리가 찾은 곳은 노점이 즐비한 어느 시장 골목이었다. 내가 한사코 사람 냄새 나는 곳에서 밥을 먹자고 고집을 부렸다. 여자 친구는 그럴싸한 식당에 가고 싶어 했지만 끝내 추위와 배고픔을 이기지 못했다. 첫 끼니를 둘러싼 신경전은 앞으로 밥을 두고 벌어질 지난한 싸움의 서막에 불과했다. 이튿날 아침 사람이 많은 것만 보고 맛집이라 여겨 들어간 '미도 카페'는 지나치게 메뉴가 다양했다. 알아들을 수 없는 말이 빼곡한 메뉴판에 질려 아무렇게나 주문했다. 거대한 빵 조각과 기름이 둥둥 뜬 수프가 나왔다. 여자 친구의 낙담한 표정에 대고 나는 굳이 "서울에서 먹는 것과 맛 차이가 없어서 여행 온 맛이 안 난다"라고 토를 달았다.

그녀가 탁 소리가 나게 숟가락을 내려놓았다. 나중에 안 사실이지만 미도 카페처럼 이것저것을 파는 곳을 '차찬텡茶餐廳'이라고 하는데 우리로 치면 '김밥천국'쯤 되는 홍콩 전통 분식집이다.

여자 친구가 딤섬을 먹고 싶다고 해서 찾아간 '하버 시티'의 한 레스토랑에서도 다툼이 있었다. 내가 딤섬이 입에 맞지 않는다며 다른 음식에만 젓가락을 대자 그녀는 "내가 좋아하는 거 같이 좀 좋아해주면 안 되냐?"며 화를 냈다. 식당을 나온 우리는 놀랍게도 빈센트 반 고흐의 그림을 전시중이라는 홍보물을 봤다. 나는 이것이야말로 우리 여행을 쇄신할 기회라고 믿었다. 별로 내켜하지 않는 여자 친구를 잡아끌고 미로 같은 하버 시티의 쇼핑몰을 헤맸다. 마침내 자그마한 전시장에서 〈해바라기〉를 두 눈으로 마주했을 때 우리는 다리에 힘이 풀려버렸다. 스탕달 증후군이었으면 오죽 좋았을까만, 그것은 3D 스캐닝과 고해상도 프린팅으로 붓질과 갈라짐까지 그대로 재현한(!) 모조품이었다. 곧바로 센트럴과 '침사추이'를 오가는 '스타 페리'에 올라 바닷바람을 맞지 않았던들 큰 싸움이 있을 뻔했다.

文記成肉食公

堂回春
GOOD SPRING CO.

宏發燒臘

'망가진 여행'이라는 주제에 들어맞는 장면들이 몇 개 더 기억난다. '조던 역' 인근에서 받은 발마사지. 가게가 너무 어두침침해서 우리는 멋모르고 어딘가로 끌려가는 건 아닌지 잔뜩 겁을 먹었었다. '야우마테이'의 '템플 스트리트'에서는 각종 잡화를 팔았는데 동대문과 다를 바가 없어 실망스러웠다. '틴하우 사원'에서는 현지인처럼 거대한 향로에 향을 피우고 소원을 빌었다. 나는 준비하고 있던 첫 시집과 우리 관계의 무탈함을 발원했다. 여자 친구는 나의 채근에도 불구하고 종내 제 바람을 알려주지 않았다. 나는 그게 못내 서운했다. 제일 아쉬운 건 옥玉만 취급하는 시장인 '제이드 마켓'이다. 여자 친구에게 액세서리를 사주려고 한참을 돌아다녔지만 끝내 위치를 찾지 못했다.

침사추이도 빼놓을 수 없다. 해안 산책로를 따라 조성된 '스타의 거리'에는 이연결, 양조위, 임청하 등 우리에게도 친숙한 영화배우들의 손도장이 보도블록으로 박혀 있었다. 저녁이 되자 바다 건너편의 고층건물들에서 쏘아대는 '레이저 쇼'가 펼쳐졌다. 나는 그것들을 모두 시큰둥하게 바라봤다. 여자 친구는 남북극이나 사막쯤은 돼야 감흥이 오느냐고 볼멘소리를 했다. 돌이켜보면 그때 나는 그 무엇도 받아들일 마음가짐이 아니었다. 나는 여행을 즐기는 게 아니라 여행과 대결하고 있었다. 감동은 여행에게 패배를 인정하는 일이었다. 그러한 당길심이 그저 남자 친구와 즐거운 시간을 보내고 싶었을 뿐인 그녀의 여행까지도 망쳐버렸다. 첫번째 식사부터가 그랬다. 사람 냄새를 찾기보다는 당장 옆에 있는 사람의 마음을 살피는 게 진정 인간적이라는 걸 모르지 않았으면서도.

ISA
CLASSY
富視
TOURS
HK$ 350
4/F 27 Nathan Road
forward to
Alpha House
Ip Man Wing Chun Assn.
CLASSY
药
mannings
DEFINE

龍城
中西大藥房
政府註冊 免稅正貨
麗晶賓館
海龍賓館
信心保證

宇明裱畫店
裱畫
畫架
Frames
高佬髮
Raymond
1/F
Hair Dressing
Universal Cyber Cafe
宇明畫架
雅翠火鍋小廚
立金漆油
TAXI
筷子記
澳門
麵食
茶檔
菲律賓東方大學牙科博士
牙科醫生 伍偉民
DR. NG WAI MAN DENTAL SURGEO
D.D.M. (U.E. PHIL.)
4/F
85-897

이 글의 도입부에 인용한 포르투갈 작가 페르난도 페소아는 여행을 위해서 굳이 공간을 이동할 필요는 없다고 말한다. "모든 것을 모든 방식으로" 느낄 수만 있다면 "여행을 위해선, 존재하는 것만으로 충분하다"는 것이다. 그렇다. 어떻게 받아들이느냐에 따라 일상은 여행이 될 수 있다. 미지를 향해 스스로를 한껏 열어젖히는 여행가처럼 일상의 매 순간 온 존재를 기울여 감각을 열어둔다면 가능한 일이다. 출근 버스의 창밖을 스치는 나뭇가지, 방바닥에 널브러져 슬렁슬렁 하는 독서, 친구와 나누는 가벼운 농담 같은 사소한 것들이 여행지에서 만난 절경과 다르지 않을 수 있다. 여행이 권태와 무심함으로 인해 죽어가는 일상을 되살리려는 심폐소생술이라면, 저 '느끼는 존재의 여행'은 일상을 여행으로 탈바꿈하는 환골탈태다.

'망가진 여행'이라는 주제 아래 홍콩 여행을 되돌아보면 볼수록 그것이 즐거운 추억으로 다가오는 건 이상한 일이다. 망가지고 망쳐진 것임에 틀림없는데도 말이다. 나는 여행이라는 특별하고 작위적인 사건에 내 생활이 끌려가는 것을 원치 않는다고 말하고 있다. 지금-여기의 시간은 여행이 도래하기까지 때우고, 견디고, 지나쳐야 하는 순간들의 집합이 아니라고도 얘기한다. 현실이 그 자체로 의미를 지니지 못한다면 우리 삶의 대부분은 얼마나 무가치하고 고될 뿐인가. 여행을 통해 확장된 감각은 증강현실의 그것과 같다고, 진짜는 일상의 몰입 속에 있다고 강조한다. 그러다 문득 깨닫는다. 저 홍콩 여행을 실패한 무엇으로 여긴 게 이율배반이었음을. 그것 역시 숱한 우연들이 중첩된 미증유의 시간이었으며, 이전에도 없었고 이후에도 없을 유일무이한 때였다는 것을.

그것은 눈앞에 떠오른 한 장면 때문이다. 나는 지금 '리펄스 베이'에 앉아 있다. 전통 의상과 액세서리, 기념품 등을 파는 작은 상점들이 모여 있는 '스탠리 마켓'에서 산 검은 물방울무늬 수영복을 입고 있다. 나는 수영도 잘 못하는 주제에 자꾸 기를 쓰고 멀리까지 나갔다가 돌아온다. 여자 친구는 모래밭 가까이서 자맥질 중이다. 헤엄을 치기 좋은 9월 중순의 바다. 찝찌름한 바닷물을 뚝뚝 흘리며 우리는 모래사장 한편에 털썩 주저앉는다. 건배를 하고 한 모금씩 캔 맥주를 비운다. 수영복 하나만을 걸치고 있는 홀가분한 몸, 탁 트인 수평선, 발가락을 간질이는 모래알, 서로를 간섭하지 않으면서도 각자 타인이 바라보는 풍경의 일부가 되어주는 사람들, 벗어놓은 운동화 주변을 종종종 맴도는 참새 떼…… 순간, 나는 세계가 완벽해지는 충일감을 맛본다. 모래밭에 새겨진 새 발자국처럼 바람에도 바닷물에도 사람의 발길에도 너무나 쉽게 부서지는 것이지만, 그 한갓됨마저 끌어안는 평화로움.

나는 여행을 좋아하지 않는다. 여행을 망쳐버리고 싶다. 여행을 망치기 위해서 여행을 떠나야겠다는 생각이 든다. 여행을 망치려면 일단 여행을 떠나야 한다. 그때는 늦지 않게 공항에 도착할 것이다. 누군가의 손을 잡고 그 시각의 지금-여기인 공항부터 느긋하게 망쳐볼 셈이다.

이현호 / 1983년에 태어났다. 2007년 《현대시》를 통해 등단했다. 시집 『라이터 좀 빌립시다』가 있다.

Last Summer

글·사진 장연정

어떤 날 8 travel mook

□ 지금 이 짜증이 꼭 더위 때문만은 아닐 거야.

S와 나는 서로의 얼굴을 보며 고개를 끄덕였다. 춥도록 냉방이 잘 되고 있는 대형 프랜차이즈 카페로 막 피신을 온 참이었다.

▽ 진짜 더워.

□ 그래 덥고 또 습하고.

▽ 습기만 좀 덜해도 좋을 텐데.

□ 좀 나아지긴 하겠지만, 그렇다고 기분이 좋아질 것 같지는 않아.

▽ 어쩐지 나도 그래.

커다란 얼음이 가득 떠 있는 아이스커피를 벌컥벌컥 마시고, S는 또다른 아이스커피를 시키려고 일어섰다. 그래, 이 작은 커피 한잔만으로는 커다란 더위를 잊을 순 없을 거야. 왠지 모르게 계속되고 있는 이 허무와 허기도.

S와 나는 더위를 싫어한다. 15년 이상 알아온 우리 사이에서 가장 애석한 공통점을 꼽으라면 사람이 많은 곳에 가면 극심한 두통이 찾아오는 것과 더위를 조금도 참을 수 없게 설계된 몸뚱어리가 아닐까. 여름이 오면 좀처럼 집에서 벗어나지 않은 채 어두컴컴한 집 안에 에어컨을 풀가동하고는 깊은 여름잠에 빠져드는 것이 최고의 행복이었다. '눈을 뜨면 겨울이면 좋겠다'고 중얼거리며 서로 키득키득 웃으면서.

그런 우리가 이렇게 더운 나라에 함께 오다니, 그것도 가장 덥다는 계절에. 애석하게도 우리 둘 다 한 번도 가보고 싶지 않았던 나라 싱가폴.

우리가 싱가폴을 찾은 것은 S의 친누나를 만나기 위해서였다. 프랑스에서 근무하다 1년 전 싱가폴 지사로 발령받아 새로운 생활을 시작한 유진 파바로. 그녀의 초대로 여행을 떠나게 되었으면서도 우리는 좀처럼 기뻐하지 못했다. 오랜만에 좋아하는 사람을 만난다는 것을 제외하고, 우리를 설레게 하는 것이 무엇일까. 생각했지만 어쩐지 단 하나도 떠오르지 않았다.

□ 뭐, 지금 당장은 없지만 오늘부터 찾아보지.

나는 여행을 떠나기로 결정한 날부터 싱가폴을 좋아할 수 있는 이유를 찾겠다고 S에게 선언했다. 그러면서도 마음이 꾸물꾸물했다. 영 관심 없던 곳에 새로운 관심의 촉을 세우는 일은 설렘과 동시에 얼마나 피로한 일인가, 하는 생각에. 그래도 어쨌든 비행기를 타니까, 마침 너무나 지루했던 서울을 떠나니까. 그 생각 하나만으로 S와 나는 일단 기뻐하기로 했다. 한편, 전국적으로 더위가 시작되는 참이었고, 아마도 싱가폴은 이곳보다 더울 테니까. 뭔가 더 시원하게 우리를 구해줄 거리가 있겠지, 라는 기대도 있었다.

그렇게 몇 주 뒤, 우리는 서울을 떠났다. 6시간 남짓한 비행.

싱가폴 창이공항에 내리자마자 훅 하고 습기와 더위가 느껴졌다. '더운 나라치곤 냉방이 너무 약한걸, 설마 고장 난 건 아니겠지' 생각하며 우리는 짐을 찾기 위해 수하물 하차 벨트 앞에서 두 눈에 힘을 주고 가방들을 살피기 시작했다. 가방이 하나둘 주인을 찾아가고 몇 개 남아 있지 않을 즈음, 나는 아까부터 맴돌고 있는 내 가방인 듯 내 가방 같지 않은 가방을 계속 들여다보았다. 내 가방이 맞긴 한데 아무리 보아도 내 것이 아니었다. 출발하면서 묶어둔 귀여운 네임태그가 보이지 않았다.

▽ 네 가방 맞는데?

□ 아냐. 네임태그가 없잖아.

▽ 아냐. 왠지 네 가방일 것 같은 강한 기분이 들어.

□ 그럼 귀여운 네임태그는?

▽ 누가 떼어갔나 보지. 일단 가방을 내려보자.

모두들 각자의 가방을 들고 떠난 수하물 하차 벨트 앞에서 나는 부디 내 비밀번호가 맞지 않기를 바라며 트렁크 비밀번호를 하나하나 맞춰갔다. 딸깍-. 이럴 수가, 내 가방이 맞다니. 모든 짐은 제자리에 있었고, 잃어버린 것도 없었다. 하지만 며칠을 고심해서 고른 나의 네임태그는 사라진 상태였다. 도대체 누가? 서울에서 수하물을 부칠 때까지만 해도 예쁘게 매달려 있었는데! 나는 눈물이 났다. 얼굴도 모르는 누군가에게 나의 깊은 애정을 도난당한 기분이 들었다. 그걸 고르느라 얼마나 많은 온라인 숍을 파도 타듯 울렁거리며 오갔는지, 그걸 한 순간 떼어간 그는 알지 못하겠지. 부디 내 네임태그를 가져간 그에게 100년의 불행이 닥쳐 오기를. 나는 이를 앙 물고 저주했다. 이마에 땀한 방울이 흘러내렸다. 공항에 따져볼까 했지만 결론이 나지 않을 게 분명했다.

□ **너무 더워. 내 속도 덥고 이곳도 덥고.**

눈앞에 예쁘고 귀여웠던 네임태그가 왔다 갔다 하다 이내 사라졌다. 그렇게 울 것 같은 표정으로 바라본 S의 얼굴은 낯선 온도와 습도로 거의 울 지경이었다.

우리는 무거운 두 개의 트렁크를 가볍게 밀고 나와 유진을 만났고, 그녀의 가족이 살고 있는 럭셔리한 아파트로 이동했다. 그곳에는 말레이시아인 가사 도우미가 준비해놓은 예쁜 저녁상과 우리가 2주 동안 머무를 깨끗하고 청결한 방이 기다리고 있었다. 우리는 잘 구운 연어와 오렌지 샐러드, 그리고 와인을 마셨다. 고작 6시간 남짓한 비행의 여독이 조금은 풀리는 기분이었다. 샤워를 마치고 짐을 풀고 둥그런 S의 배에 머리를 얹고 골똘히 생각했다. 내일은 뭐하지. S가 숨을 쉴 때마다 내 머리는 바다에 좌초된 작은 배처럼 둥실둥실 움직였다.

□ 우리, 내일 뭐할까?

▽ 머라이언 공원Merlion Park을 돌아보고,

마리나베이Marina Bay에 갈까?

□ 안 더우면 좋겠다.

▽ 그건 불가능해. 각오하자고.

□ …….

저녁식사를 마치고 발코니로 나와 축축하고 뜨끈한 싱가폴의 저녁 공기를 마시며 커피를 마셨다. 더위 때문일까. 커피가 썼다. 15층 아래 수영장에서는 아이들이 미친 듯 소리치며 다이빙을 하고 있었다. 이렇게 더운 날씨에 저렇게 시원한 에너지를 뿜어내다니, 나는 한동안 지치지 않고 노는 아이들을 바라보았다. 내일은, 수영을 해볼까. 아니야. 또 가난한 빛깔로 까맣게 될 거야(절대 예쁘게 태닝되지 않는 나의 피부를 떠올렸다). 심지어 이곳은 비키니 일색인데 래시가드로 온몸을 꽁꽁 감고 돌아다니는 나를 환자 보듯 바라보는 사람들의 시선을 피하는 것도 고역이니까. 나는 마음을 빠르게 접고 방으로 들어갔다.

눈을 뜨자마자 오늘의 기온을 검색해본다. 35도. 아찔하군. 소리 없이 예쁘고 아름답게 아침식사를 차려놓고 넓은 집 어디론가 사라진 파멜라(가사 도우미의 이름이었다)에게 인사를 하지 못한 채 우리는 집을 나섰다. 만두 찜통 속에 들어온 기분이랄까. 우리는 하얗게 김이 오르는 만두처럼 하얗게 질린 얼굴로 낯선 길을 찾아다녔다.

우리는 왜 더위를 못 견디는 사람들이 되었을까. 건강하고 에너지 넘치는 이미지를 가지고, 약간의 근육과 탄력 있는 몸매를 자랑하면서 더위 한가운데로 뛰어드는 매력적인 갈색 피부를 가진 사람이 될 수 있을까. 아마 불가능하겠지. 순두부 같은 너와 나의 살 좀 봐.

우리는 어느새 꼭 잡았던 두 손을 놓은 채 걷고 있었다. 각자의 피부에 날카로운 가시가 돋아나고 있음을 직감했기 때문일 것이다. 나를 건드리면 너를 때릴지도 몰라. 경고! 우리는 서로에게서 멀찌감치 떨어져 말없이 걸었다. 땀이 차도 늘 손을 잡고 걷던 우리였는데, 왠지 이 나라가 대단하게 느껴졌다. 이렇게 자연스럽게 멀어지게 만드는 기운을 가진 나라라니.

싱가폴을 대표하는 머라이언 공원에는 역시 사람들이 많았다. 가깝게 마리나베이샌즈의 건물이 보였다. 그 방향을 향해 반은 사자, 반은 물고기인 동상(싱가폴의 상징 머라이언이었다.)이 입에서 느낌 없이 물을 뱉어내고 있었다. 약간의 물보라가 바람과 함께 불어왔을 때, 살짝 시원한 바람이 부는 듯했지만 아주 잠시였다. 우리는 그 앞에서 무표정하게 사진을 찍었다. 어느 곳을 배경으로 해도 사진은 깔끔하게 찍혔다. 싱가폴은 아름답게 디자인된 도시였다. 낡거나 오래된 느낌은 찾아볼 수 없을 만큼 세련되고 현대적이고 계획적으로 도시화된 나라. 빈틈없이 아름다운 낯선 사람 같은 이 나라를 나는 그래서 오래도록 바라보지 못했는지도 모른다.

그렇게 감흥 없이 머리가 하얗게 비워진 채로 우리는 머라이언 공원에서부터 래플스 호텔을 지나 마리나베이샌즈를 향해 걸었다. 끈적끈적한 목덜미와 속옷 사이의 땀을 느끼며, 아마도 우리는 500미터마다 한 번씩 피신할 곳을 찾았던 것 같다. 어떤 이름을 알 수 없는 건물이거나, 쇼핑몰이거나, 카페였고, 무조건 얼음이 들어 있는 음료를 두 잔씩 마셨다.

나는 여행에서 S보다 늘 열정적이다. 내가 아니면 스스로 여행을 떠나거나 새로운 곳에 가는 일이 '결코' 없는 S는 그래서 새롭고 낯선 곳으로 떠날 계획을 세우며 그곳의 여행 정보와 사진에 매료된 나를 신기하게 바라보곤 했다. 모르는 사람들 사이를 걷고 낯선 음식을 먹고 길을 헤매는 일에 S는 좀처럼 흥미가 느껴지지 않는다고 했다. 그래서 늘 새로운 곳을 탐닉하는 나에게 일종의 매력과 경외를 느낀다고 고백했다. 그랬던 그가 나에게 물었다.

▽ 너, 재미없구나.
□ 왜? 그렇게 보여?
▽ 아니야?
□ 더워서 그래.
▽ 정말 더워서 그래?
□ 응.

나는 정말 더워서라고 생각했다. 별다른 이유가 있을 리 없다. 머물고 있는 숙소도 완벽했고, 좋아하는 사람의 초대였으며, 역시나 좋아하는 사람과 함께 떠나왔고, 충분한 여비도, 여정에 대한 계획도 세워진 상태였으니까(이건 순전히 피지컬의 문제다. 더위에 지쳤고, 땀으로 범벅된 몸이 찝찝하니까 즐겁지 않은 것이다. 충분히 아름다운 이 도시에서 말이다. 이건 내 몸뚱어리의 죄일 뿐, 다른 건 죄가 없다. 어떻게 이렇게 재미가 넘쳐나는 도시에서 조금의 재미도 느낄 수 없느냐고!).

나는 S에게 애써 덤덤한 표정으로 이야기했다. S는 어쨌든 내 말이 믿어지지 않는다는 얼굴로 고개를 끄덕였다.

아이스커피 한잔을 입에 물고 우리는 마리나베이샌즈로 걸었다. 높고 거대한 건물 맨 위에 놓인 커다란 배 한 척. 도대체 누가 이렇게 놀라운 디자인을 한 걸까. 저 꼭대기 수영장에서 사진을 찍으면 마치 절벽에 서서 사진을 찍는 듯 신기하고 아름답다는데. 나는 수많은 SNS에서 본 수영장 풍경을 떠올렸다. 그런데 웬일인지 지금은 그곳 수영장에서 놀고 있는 이들이 그다지 부럽지 않았다. 마음속으로 생각했다. 가을이 오려면 몇 달을 기다려야 하지. 7, 8, 9…… 적어도 석 달 이상 남았구나. 이런.

S와 나는 마리나베이샌즈의 식당에서 밥을 먹었다. 차가운 몰은 걷기에 너무 넓고 커다랬다. 우리가 살 수 있는 것 혹은 애써 사고 싶은 것도 눈에 띄지 않았다. 이곳이 싱가폴의 마리나베이샌즈라는 게 중요한 거지. 우리는 서로의 얼굴을 보며 오랜만에 키득키득 웃었다. 애써 시간을 내어 6시간을 날아와 이렇게 우울한 마음의 연속인 내가 스스로 마음에 들지 않았지만 말이다.

걷고, 걷다가 지하철을 타고, 또 걷고 쉬고, 먹고. 그러다보면 싱가폴은 어느새 나에게 같은 얼굴을 보여주었다. 여긴 아까 걷다 지나친 곳인데, 이것이 그렇게 크지 않은 도시국가의 진짜 얼굴인가 싶었다. 색다른 얼굴을 만난 곳은 부기스 스트리트와 아랍 스트리트, 그리고 리틀 인디아 정도. 하지만 그곳에서도 '더위 때문인' 짜증에 몸과 마음을 점령당한 상태였다. 도대체 나는 긍정 마인드를 갖지 못한 것일까. 이깟 육체의 고통을 이길 정신적 에너지가 그렇게 없는 것일까. 자책하는 사이 어느새 해가 졌고, 기대하던 시원한 바람은 불어오지 않았다. 그렇게 나는 하루하루 지쳐갔다.

그렇게 2주. 그사이 우리는 샌토사 섬, 가든 바이 더 베이, 오차드 등을 다니며 시간을 보냈다.

그리고 어느덧 여행의 마지막 날. 나는 어느 때보다 신나게 집으로 돌아갈 준비를 하고 있었다. 헤어져야 하는 슬픔에 우리를 초대한 유진과 남편 토마는 무척 아쉬워했다.

… 조금 더 있다 가지.

나는 그녀의 말에 손사래를 쳤다.

□ 아니에요, 언니! 충분히 있었어요. 너무 고마워요.

그녀의 친절과 호의는 넘칠 만큼 고맙고 따뜻했기에 나는 한편으로 미안함을 느꼈다. 돌아오는 비행기에서 나는 그야말로 쾌적하고 긴 꿀잠을 잤다(그때는 한국에 들이닥칠 살인적인 더위를 예상하지 못했다). 한국에 가면, 갈수록 흐릿해지긴 하지만 사계절을 가진 한국 날씨에 감사해야지. 나는 가슴에 손을 얹고 생각했다. 그리고 마지막 기내식을 먹다가 S가 물었다.

▽ 정말 더위 때문이었을까?

□ 뭐가?

▽ 네가 그렇게 즐겁지 못한 게 말이야.

□ 글쎄.

포크를 입으로 가져가면서 곰곰이 생각했다.

그래, S야. 어쩌면 더위 때문이 아니었을지도 몰라. 인공적인, 너무나 인공적인 도시의 사방이 갑갑했던 건지도 몰라. 계획적으로 꼼꼼히 들어선 건물과 어디를 가도 결국 다시 걷던 곳을 만나게 되는 답답함이 힘겨웠나 봐. 인사를 하고 대화를 나누는데 도무지 속을 알 수 없는 사람을 만난 기분이랄까. 너무나 반듯하고 정갈한 그의 색깔을 도저히 알 수 없는 거야. 그럴 때 사람은 외로워지잖아. 아마도 싱가폴이 그랬던 것 같아.

이제 몇 시간 후면 한국에 도착한다. 어쩌면 내 나라 한국도 누군가에겐 외로움과 허무를 안겨주지는 않을까. 도착한 날 잃어버린 가방의 네임태그가 생각났다. 이름 모를 누군가에게 나의 지난 시간과 애정을 송두리째 도둑맞았던 기분이 되살아났다. 아마도 이번 여행은 내가 얻은 것보다 잃어버린 것이 먼저 생각나는 여행으로 남을 게 분명했다.

갑자기 마음과 입 안이 씁쓸했고, 서둘러 승무원에게 차가운 맥주 한잔을 부탁했다.

장연정 / 대학에서 음악을 전공했고 현재 작사가로 활동하고 있다. 문득 짐 꾸리기와 사진 찍기, 여행 정보 검색하기, 햇볕에 책 말리기를 좋아한다. 여행 산문집 『소울 트립』 『슬로 트립』 『눈물 대신, 여행』 『장연정 여행 미니북』 등이 있다.

11월의 어느 겨울에 낭트영화제를 가는 것에 대하여

글 정성일
사진 이지예

어떤 날 8 travel mook

이번에는 '망가진 여행'을 듣고 싶습니다, 라는 메일을 읽었을 때 거의 조건반사처럼 그해 겨울이 떠올랐다. 이제까지 이 책에 함께 글을 쓴 필자들께서 자기가 다녀온 여행 이야기를 늘어놓으며 추억에 잠겨 행복해 죽겠다는 듯이 글을 쓰고 있지만 나는 그럴 리가 없다고 생각한다. 그런 여행은 열 번에 두 번이면 다행이고 세 번이라면 운이 좋다고 말할 수밖에 없다. 좀더 쉽게 말하겠다. 집 떠나면 고생이다. 그걸 잘 보여준 영화는 〈오즈의 마법사〉이다. 그래서 여행에 대한 내 믿음은 그게 견딜만한 고생일 때까지만 즐겁다는 것이다. 하지만 누구에게나 참을성에는 한계가 있다. 이때 여행을 망치는 이유는 셋 중 하나다. 물론 첫번째는 함께 여행을 떠난 상대를 잘못 선택했을 때 벌어진다. 그때 당신이 해야 할 일은 가능한 모든 수단 방법을 모두 동원해서 즉시 돌아오는 것이다. 그걸 버티면 버틸수록 함께 망가지는 도리밖에 없다. 문제는 이게 함께 떠나보기 전에는 알 수가 없다는 것이다. 오죽 하면 옛 어른들께서 그 사람이 알고 싶으면 내기 바둑을 두거나, 부모님을 만나보거나, 여행을 함께 떠나보라는 말을 했겠는가. 두번째는 여행지를 잘못 선택하는 경우다. 그저 사진만 보고 정하거나 풍문으로 들려오는 이야기를 듣고 갔는데 정작 현지 사정은 전혀 다를 때가 있다. 이건 거기 도착하는 즉시 감이 (말 그대로) 몰려온다. 하지만 마찬가지로 이것도 가보기 전에는 알 수가 없다는 것이다. 가장 신비로운 세번째가 남았다. 같이 간 상대방이 훌륭하거나 혹은 혼자 갔거나 상관없이, 아니면 도착한 그곳이 기대보다 더 훌륭했음에도 불구하고 무언가 조금씩 계획을 뒤틀기 시작하면서 급기야 모든 일정을 쑥밭으로 만들어놓는 일이 벌어질 때가 있다. 이때는 정말 무언가 홀린 것만 같다. 나는 이 세번째가 제일 두렵다. 일단 세번째 함정에 빠지면 거의 속수무책이 되기 때문이다. 나는 이걸 약간 자조적으로 '율리시스의 여행'이라고 부른다. 집에 돌아가고 싶은데 계속해서 내가 금방 돌아갈 수 없는 악재가 거의 약을 올리듯이 예기치 않은 방법으로 차례로 방문한다. 그때 당신이 할 수 있는 일이 도대체 무엇이겠는가.

그저 우연이라고 할 수밖에 없는 이유로 나는 낭트에 세 번 방문했다. 아마 이 도시 이름이 낯선 독자들이 계실 것이다. 낭트는 프랑스 북쪽에 자리 잡은 도시다. 겉보기에는 조용하지만 내 손에 들려 있는 여행 가이드북에 따르면 프랑스에서 6번째로 큰 도시이며, 유럽에서 가장 살기 좋은 서른 개의 도시에 매년 선정되었다고 한다. 이 책은 2015년 판본이다. 하지만 낭트는 관광하기에 좋은 도시가 아니다. 지하철이 없으며 당신이 불어를 잘하지 못하면 프랑스에서 버스를 타고 환승을 해가며 이동하는 것은 쉬운 일이 아니다. 게다가 사실 딱히 무언가 볼 만한 유적이 있는 것도 아니다. 물론 대부분의 프랑스 시골 도시가 그렇듯이 낭트에도 유서 깊은 성당이 있긴 하다. 시청 앞에 있는 몰이 쇼핑을 할 수 있는 전부다. 그래서 낭트에 갔을 때 프랑스 친구에게 물어보니 쇼핑할 일이 있으면 한 달에 한 번 정도 파리에 간다고 한다. 파리까지는 TGV 고속열차를 타고 2시간이면 도착한다. 시속 300

킬로미터를 달리는 열차이니 그렇게 가깝지는 않다는 뜻이다. 나는 이 도시를 1989년에 처음 방문했다. 이 도시에는 (다소 이름이 긴) 〈낭트 3 대륙 영화제: 아프리카, 라틴 아메리카, 아시아의 영화들(Nante Festival des 3 Continents; Cinemas d'Afrique, d'Amerique latine, et d'Asie)〉 이라는 영화제가 있다. 허우 샤오시엔과 지아장커가 모두 이 영화제를 통해서 유럽에 소개되었다. 처음 낭트를 방문했을 때는 이 영화제에서 유럽에서는 처음으로 임권택 감독님의 회고전이 있었고, 나는 영화를 소개하는 '한국에서 온' 영화평론가로 덩달아 같이 가게 되었다. 첫 인상은 이 도시가 매우 조용하고 아름답다는 것이었으며 (파리와 달리) 이건 전적으로 내 주관적인 생각이겠지만 사람들의 걸음이 느리다는 것이었다. 언젠가 기회가 온다면 여기에 휴가 온 기분으로 아무 일도 하지 않으면서 쉬었으면 좋겠다는 생각이 들었다. 말하자면 처음 만난 낭트는 내게 그런 기분을 준 도시였다.

내가 하려는 이야기는 두번째 방문에 관한 것이다. 그 기회는 거의 십년 만에 찾아왔다. 나는 그때 영화잡지 《키노》를 만들면서 거의 죽을 듯이 지쳐 있었다. 약간 이야기를 거슬러 올라가야겠다. 그 해 봄에 서울에 있는 프랑스 문화원에서 영화에 관한 이야기를 하는 자리에 초대를 받았고, 게스트로 두 시간 정도를 이야기하는 자리에 갔다. 그런 다음 감사의 뜻으로 며칠 후에 문화원 원장과 맛있는 프랑스 점심을 먹으면서 영화에 관한 수다를 나누었다. 디저트로 나온 아이스크

정성일

11월의 어느 겨울에 낭트영화제를 가는 것에 대하여

RER C
Sortie 1 2
Étoile

림을 먹으면서 문득 원장은 내게 약간 곤혹스러운 표정으로 말을 꺼내들었다. 내용인즉 문화원은 정부 방침에 따라 토크 게스트에게 거마비라는 명목의 돈을 지불하지 않는다는 것이다. 점심이 너무 맛있었기 때문에 (약간 어이가 없었지만) 그런가보다, 라고 생각했다. 그런데 원장은 말을 이어가면서 그 대신 프랑스에서 열리는 영화제 가운데 (칸 영화제를 제외하고) 방문하기를 원하는 곳이 있으면 비행기와 숙박 일체를 제공하는 프로그램이 있으니 그걸 보내드리고 싶다, 는 제안을 했다. 순간 쿨럭, 하면서 속으로는 만일 둘 중 하나만 선택하라고 말을 했어도 나는 무조건 이 프로그램을 말했을 거야, 라고 외치다시피 했지만 겉으로는 짐짓 태연한 척하면서 그렇다면, 하고 약간 생각을 했는데 거의 섬광처럼 낭트가 떠올랐다. 마음속으로는 이미 한번 다녀온 곳이기 때문에 부담이 덜하다는 안심도 작용했을 것이다.

낭트영화제는 매년 막 겨울이 시작될 때 열리는 영화제다. 거기까지는 아무 문제가 없었다. 게다가 다행히도 그해 낭트영화제는 내가 막 잡지 마감을 하는 날 즈음에 일정을 시작하였다. 하지만 마감은 잘 되지 않았다. 기사들이 계속 취재에서 펑크가 나면서 일정은 밀려 내려오고 있었다. 나는 초조하게 달력을 노려보았다. 그때 함께 일을 하던 이연호 씨가 고맙게도 마감은 자기가 알아서 할 테니 도저히 자신이 막기 어려운 꼭지 하나는 꼭 써달라고 했다. 그 기사는 내가 낭트에 도착하는 즉시 보내겠다고 대답을 한 다음 새벽에 귀가를 했다. 정신

없이 짐을 싸고 가까스로 하고 비행기를 타러 김포공항으로 갔다. 아직 인천공항이 개항을 하기 전의 일이다. 그 여행길에 나는 에어프랑스를 처음 이용하게 되었다. 수속을 밟으면서 그냥 그러려니 했다. 뭐, 비행기에 무슨 큰 차이가 있느냐 싶었다. 문제는 내가 김포에서 드골공항까지 날아가는 상공 1만 7천 킬로미터 상공에서 원고를 마감해야 한다는 것이었다. 도착시간이 애매해서 도리 없이 그날 밤에 파리에서 하루를 자고 이튿날 새벽같이 몽파르나스 역에 가서 기차를 타야 했기 때문이다. 한 가지 더 난처한 상황을 이야기해야겠다. 그때 나는 프랑스의 악명 높은 인터넷 상황을 믿을 수 없었다. 아직 한국에서 하이텔과 천리안을 사용하던 시절의 이야기다. 게다가 나는 프랑스의 PC방 여부를 알지 못했으며 영화제 취재를 가는 것이 아니기 때문에 영화제 사무실에 들어가 마음대로 컴퓨터를 사용할 수 있을지 자신할 수 없었으며, 심지어 2016년인 지금도 파리의 싼 호텔을 예약하면 와이파이가 안 된다. 그때는 아직 20세기였다. 하지만 무조건 마감을 해야 한다. 이런 경우 디지털 시대의 해결방법은 시대를 거슬러 올라가는 것이 제일 안전하다. 나는 오랜만에 원고지에 손으로 글을 쓴 다음 그걸 낭트에 도착해서 팩스로 보내기로 했다.

에어프랑스는 내 기대보다 좌석 간의 여유가 좁았다. 그렇다고 대한항공을 탄다고 해서 여유가 있는 건 아니라는 사실을 잘 알기 때문에 아, 이코노미가 다 그런 거지 뭐, 라고 하면서 받아들였다. 다른 승객들은 여유롭게 약간 들떠서 여행을 기다리고 있었지만 나는 14시간 안에 50매의 원고를 어떻게 마감할 지 분주하게 전략을 짜고 있었다. 비행기가 이륙을 하고 벨트를 풀어도 괜찮다는 안내방송이 나왔다. 내 소망과 달리 비행기는 꽉 찼고 나는 옆 좌석 눈치를 보면서 주섬주섬 원고지와 펜을 꺼내들었다. 레드 와인과 화이트 와인 중에 무얼 마시겠느냐는 스튜어디스의 질문에 큰 컵에 커피를 한 사발(!) 가져다 달라고 부탁했다. 절대로 자면 안 된다. 나는 매 시간 4매의 원고를 써야만 한다. 시간과의 경주가 시작되었다. 비행기는 평소보다 기류의 영향을 자주 받아서 종종 흔들렸고 그때마다 내 생각은 흩어졌다. 그래도 다행히 기진맥진한 상태에서 원고를 마무리 지었다. 비행기는 러시아를 지나 막 유럽으로 들어서고 있었다.

지치기는 했지만 홀가분한 마음으로 비행기에서 내렸다. 여행을 떠나면 가장 지루한 시간은 짐을 찾기 위해 회전하는 벨트 앞에 서서 자기 가방을 기다릴 때다. 그저 기다리는 도리 외에는 없다. 그런데 생각하지 않은 일이 벌어졌다. 모두 짐을 찾아갔는데 내 가방이 안 나온 것이다. 하나 둘 벨트 위의 가방이 사라지더니 그냥 빈 벨트만이 돌아가고 있었다. 그나마 다행이었던 것은 나랑 똑같은 표정을 짓고 서 있는 사람들이 있었다. 그때 그 사람들의 표정을 유심히 보았어야만 했었다. 에어프랑스 공항 내 사무실로 찾아가서 짐이 오지 않았다고 하자 조금도 당황하지 않으면서 검색을 하더니 내 짐은 지금 런던 히

스로 공항에 있고 내일에야 도착하니 내일 오후에 다시 오라는 것이었다. 내일 오후? 그러면 파리에 이틀이나 있으라고? 게다가 드골공항에 다시 와야 한다고? 약간 서툴게 내 사정을 이야기하고 다른 방법이 없는지 물어보았다. 담당자는 태연자약하게 없다는 대답을 했다. 그러면 짐을 낭트로 보내줄 수 있느냐고 묻자 그걸 우리가 왜, 라는 표정을 지었다. 슬슬 짜증이 나기 시작했다. 당신들 잘못 아니냐고 묻자 뻔뻔하게도 그래서 나보고 어쩌라고, 라는 표정으로 그건 나한테 묻지 말고 에어프랑스 본사에 가서 따지라는 정중한 대답이 돌아왔다. 에어프랑스가 짐칸이 좁아서 종종 승객들의 짐을 분산시켜서 사람보다 나중에 짐이 도착하는 일이 빈번하게 벌어지는 비행사라는 걸 안 건 이후의 일이다. 나랑 같이 문의하러 간 프랑스 승객들이 자신의 짐의 소재를 파악하자 왜 자리를 금방 떠났는지 알 것 같았다. 나는 도대체 언제 도착하는지를 꼬치꼬치 따지듯이 물었다. 담당자는 골치 아프지만 표정을 보니 이 '꼬레안'은 성질이 더럽겠구나, 라고 생각했는지 이러저리 전화를 하더니 내일 오전 9시에 도착한다고 일러주었다. 방법이 없다. 내일 드골공항에 다시 와서 짐을 찾은 다음 다시 파리로 돌아와 몽파르나스 역에 가야만 한다.

완전히 지쳤지만 불행히도 나는 시차를 잘 극복하지 못하는 여행객이다. 허전하게 가벼운 가방만을 들고 파리에 도착한 다음 그냥 눈에 보이는 별 둘 호텔에 들어갔다. 어차피 하룻밤만 자면 된다. 게

다가 드골공항에 들려서 짐을 찾고 다시 역순으로 돌아와 낭트로 가는 기차를 타야 한다. 그저 따뜻한 물이 나오는 샤워 욕조와 푹신한 침대만 있으면 된다고 생각했다. 나는 좀더 신중해야 했다. 침대는 허름했지만 편안했고 샤워기에서는 따뜻한 물이 잘 나왔다. 내가 미처 계산하지 않은 것은 지금 겨울이 깊어가고 있다는 사실이었다. 밤새 창문틀 사이로 찬바람이 스며들었다. 파리의 겨울은 춥다기보다는 시리다는 표현이 더 적절할 것이다. 나는 밤새 몸을 웅크리고 자야만 했다. 가까스로 잠들었고 생각보다 약간 늦게 일어난 나는 허둥지둥 드골공항으로 다시 되돌아갔다. 내 가방을 찾는 것은 어려운 일이 아니었지만 에어프랑스는 나에게 끝내 사과하지 않았다. 불쾌한 감정을 품고 몽파르나스 역으로 향했다. 어느새 내 마음은 얼른 원고를 보내야 한다는 초조감에 시달리고 있었다. 기차를 타자마자 비로소 피곤이 몰려왔다. 게다가 이틀 전 서울에서의 이 시간은 잠을 자고 있었다는 사실을 몸은 정확하게 기억하고 있었다. 하지만 잠들면 안 된다. 낭트는 종착역이 아니며 정신 차리지 않으면 낭트 역을 순식간에 스쳐 지나갈 것이다.

나는 약간 가수면 상태로 역에서 내렸다. 낭트는 도시가 복잡하지 않기 때문에 영화제 사무국을 찾아가는 것은 어렵지 않았다. 영화제는 사무국에 도착해서 아이디(ID) 카드와 관련 책자, 가방 등등 패키지를 얻는 과정이 서로 비슷하기 때문에 그냥 순서대로 챙기면 된다. 상대방도 그냥 교육받은 매뉴얼대로 움직인다. 대부분의 경우 이 자리에는 자원봉사자들이 앉아 있다. 그래서 당신이 한마디도 통하지 않는 영화제에 갔더라도 별 큰 문제가 벌어지지는 않는다. 문제는 원고를 팩스로 보내는 일이었다. 내 경험으로 엄청나게 좋은 호텔에 머무르지 않는 한 팩스 서비스는 기대하지 않는 편이 좋다. 팩스를 경험해보지 않은 세대는 약간 어리둥절할 것이다. 팩스는 사용한 시간만큼 전화요금이 나온다. 그런데 상대방이 외국인이라면 국제전화를 쓰는 것이 된다. 게다가 상대방 국적이 지구 반대편이라면 무심코 베푼 혜택이 호텔 비용만큼 나갈 수도 있는 것이다. 나는 원고지 50장을 보내야 한다. 영화제 사무국에서 패키지를 챙기고 호텔 주소를 받은 다음 약간 조심스럽게 팩스를 잠시 사용해도 되느냐고 물었다. 담당자는 내가 프랑스 정부 프로그램으로 초청받은 게스트라는 걸 확인했기 때문에 무언가 친절해야 한다고 판단했던 것 같다. 별 의심 없이 사무실 구석에 자리 잡은 팩스를 가리켰다. 나는 메르씨를 연발하며 팩스 앞에 달려가 일단 원고의 절반 정도만 먼저 꺼낸 다음 서울에 있는 편집부 번호를 눌렀다. 이런 제기랄! 신호만 가고 수신 벨이 울리지를 않았다. 그때의 초조감은 지금도 생생하다. 심지어 계속 신호음만 가니까 사무국 직원들이 누가 전화를 안 받아, 하는 표정으로 돌아보기까지 했다. 이런 경우는 단 한 가지다. 받는 쪽 팩스에서 종이가 떨어진 것이다. 아아, 난 지금 반대편에서 팩스를 보내고 있단 말이야. 저기와 여기는 8시간 차이가 나고 아직 출근시간이 아닐 것이다, 라는 계산이 약간 신음소리처럼 새어나왔다. 그때 저쪽에서 수신 대신 누가 팩스 전화를 받았다.

정성일

11월의 어느 겨울에 낭트영화제를 가는 것에 대하여

La Chapelle

전광석화처럼 팩스에 달려 있는 전화기를 들고 거의 구조 요청을 요구하는 목소리로 나, 편집장인데, 여기 낭트인데, 원고를 보내려는데 얼른 종이를 확인해보라, 고 외치다시피 했다. 그리고 전화를 끊은 다음 일분을 기다렸다. 손목시계의 초침은 거의 기어가고 있었다. 다시 번호를 눌렀다. 덜덜덜, 소리가 나면서 원고가 팩스 스캐너를 통과했다. 이 구형 팩스는 내가 본 중에 가장 느리게 원고를 전송하였다. 초겨울에 땀이 난다기보다는 차라리 피가 마르는 심정으로 한 장씩 전송하였다. 전송시간이 길어지다보니 그제야 비로소 영화제 사무실 직원들 중 몇 명이 나를 돌아보기 시작했다. 나는 약간 막무가내의 아시아 사람의 표정을 지었고 저들은 아, 저 사람과 영어로 이야기하려면 피곤하겠구나, 라는 얼굴로 애써 외면한다는 저쪽대로의 불편함이 느껴졌다. 팩스를 보내고 나가면서 내게 몹시 못마땅한 얼굴로 인사하는 다른 직원에게 나도 모르게 아리가또 고자이마쓰, 라고 인사를 하고 나왔다. 계단을 내려오면서 나도 모르게 내가 한 인사에 낄낄대고 웃었다. 뭐랄까, 어떤 승리감에 만족하고 있었달까.

가방을 끌고 사무국에서 가깝다는 말만 믿고 호텔까지 걸어가기로 했다. 그 말이 틀린 건 아니지만 가방을 끌고 가기엔 기대보다 매우 멀었다. 프랑스 지방 도시로 가면 택시는 거리를 돌아다니는 게 아니라 불러야만 온다. 주변에 공중전화 박스는 보이지 않았고 나는 낭트 콜택시 전화번호를 알 이유가 없었다. 호텔은 고색창연한 옛날식

건물이었고 모습이 다소 웅장했다. 로비로 들어섰는데 호텔이라기보다는 박물관에 들어온 기분이 들었다. 입구에 붙어 있었던 별 네 개 표시도 마음에 들었다. 나는 속으로 다짐했다. 이번에는 영화도 안 보고 그저 여기서 쉬기만 하다 돌아갈 거야. 내게 배정된 방은 지나치게 큰 방이었다. 영화에서만 보던 17세기 풍의 유럽 건물을 약간 개조한 것만 같은 이 방의 한 쪽에는 벽난로가 있었고 두 개의 더블침대(!)와 커다란 책상, 심지어 그런 침대가 서너 개는 더 들어올 수 있을 것만 같은 여유로운 공간이 펼쳐져 있었다. 게다가 운치를 더하기 위해서인지 방문은 커다란 열쇠 두 개를 이용해서 여닫게 되어 있었다. 하지만 이 방을 열 때부터 느낌이 불안했다. 이 열쇠는 아시아에서 온 나 같은 촌놈이 열 수 있는 물건이 아니었다. 처음에는 열쇠를 잘못 건네준 줄 알았다. 방문 앞에서 끙끙대다가 기어코 벨 보이를 불렀다. 그는 아무렇지도 않다는 듯이 마술처럼 문을 열었다. 나는 문을 열 때마다 문 앞에서서 열쇠와 씨름을 해야만 했다. 이게 얼핏 들으면 아무 일도 아닌 것 같지만 보통 신경 쓰이는 게 아니었다.

그래도 나는 드디어 원고를 해치웠고 심지어 지구 반대편으로 보냈다. 큰 침대에 누워서 그냥 짐도 풀지 않고 잠들었다. 내가 깨어난 것은 바깥 풍경이 완전히 어두워진 다음이었다. 그런데 깨어난 진짜 이유는 실컷 잠을 잤기 때문이 아니라 추워서 깬 것이었다. 문득 이 방이 난방이 안 된다는 사실을 깨달았다. 옆에 붙어 있는 벽난로는 그저 장식이었다. 방에는 세 개의 스토브가 있었다. 얼른 틀기는 했지만 그걸로 이 방을 덥히는 건 사실상 불가능하다는 걸 그냥 보기만 해도 알 수 있었다. 왜 이렇게 침대의 이불이 두터운지 알 것 같았다. 침대 위에 왜 두터운 잠옷이 가지런히 놓여 있는지 눈치챘다. 심지어 수면양말까지 제공되었다. 이 호텔은 여름에 와야만 했다. 게다가 오래된 건물의 특징은 겨울바람이 창문 틈새로 파고든다는 것이다. 나는 아침에 드골공항에 간 다음 바로 기차를 탔고 사무국을 들른 다음 호텔에 왔다. 이 대목에서 퀴즈. 여기서 빠진 게 무엇일까? 나는 하루 종일 밥을 먹지 못했다. 역에서 먹은 샌드위치와 커피 한 잔이 전부였다. 비로소 나는 배가 고프다는 생각을 했다. 아니 배가 고프다기보다는 거의 일어날 수 없을 지경이었다. 생각보다 너무 늦게 일어났고 여기는 파리가 아니다. 거리에 나가보니 이미 거의 모든 식당이 문을 닫았고 길거리에서 사먹을 수 있는 막대 빵인 파니니를 파는 곳은 이 도시에 없었다. 배가 고프다기보다는 거의 절박하게 무언가 먹어야 한다는 생각에 사로잡혔다. 자다 말고 샤워도 안 한 채 거리에 나선 나는 여행객이라기보다는 홈리스에 가까웠다. 거의 문을 닫기 전 마트에서 빵과 치즈, 그냥 먹을 수 있는 소시지, 과일을 닥치는 대로 사들고 돌아왔다. 그리고 그 큰 방에서 한 손에는 차가운 맨 빵을 다른 한 손에는 그냥 포장지만 벗긴 소시지를 이따금 목이 메면 우유를 마시면서 거의 허겁지겁 먹었다. 그 큰 봉지를 다 먹으면서 내일은 반드시 레스토랑에 가서 제대로 된 식사를 할 거야, 라고 몇 번이고 중얼거렸다.

D 7
PARIS-Pte D'ITALIE
cimetière communal
l'Écho
médiathèque-auditorium
20

정성일

11월의 어느 겨울에 낭트영화제를 가는 것에 대하여

RUSSELL BANKS
S.K. TREMAYNE
ANTHOLOGIE DES CHATS
DIS-MOI QUE TU M'AIMES
Joy Fielding
MECHTILD BORRMANN
Philippe Alexandre
Notre dernier monarque
Yoko Ono
TAIJI QUAN
PAN!
LES PAPEROLES DES CARMÉLITES
NOUVEAUTES
Sombre vallée
THOMAS WILLMANN
JOHN GRISHAM
Pourquoi moi
Chelsea Cain
LES ALIMENTS TONIQUES POUR L'INTELLIGENCE
CHRISTIAN GERONDEAU
JOHN GRISHAM
Dodgers
Shirley Hazzard
RICHARD PRICE
Le violon intérieur

하지만 그건 내 생각이었다. 빈속에 찬 음식을, 그것도 평소에 먹지도 않는 빵과 고기와 소시지와 치즈를, 심지어 그걸 날것 상태로 먹은 것은 거의 미친 짓이었다. 거의 결정적인 것은 이 방이 믿을 수 없게 춥다는 것이었다. 한밤중에 머리가 아프기 시작했다. 나는 이게 무슨 신호인지 안다. 장염을 이따금 앓는 나는 이 통증이 장이 아픈 데서 시작하는 것이 아니라 현기증이 먼저 찾아온다는 것을 경험적으로 안다. 몸에서 열이 나기 시작했고 거의 기어가다시피 하면서 화장실을 드나들기 시작했다. 여기에 원고를 보냈다는 안도감이 긴장이라는 안전장치를 치워버렸다. 나는 마감을 하면서 몇날 며칠 밤을 새우고 비행기를 탔고 그런 다음에도 그렇게 버틴 것이었다. 이제까지 학대받았던 몸이 마치 반격을 해오는 것만 같았다. 여기서 내가 가장 잘못한 것은 늦잠을 자겠다고 방문 앞에 'Do NOT disturb'를 걸어놓은 것이었다. 물론 프런트로 연결되는 전화 수화기를 들 수 있었지만 그냥 조금만 견디면 다 괜찮을 거야, 라는 아무 근거도 없는 인내심이 나를 버티게 만들었다. 어쩌면 프랑스에서 병원에 가는 것에 대한 두려움이 엄습한 것인지도 모른다. 아마 꿈을 백 가지는 꾸었을 것이다. 그 이틀간의 고통은 지금도 생생하다. 침대 이불은 땀으로 흠뻑 젖었고 나는 이제 더 이상 화장실을 갈 필요가 없을 만큼 위 아래로 쏟아냈고, 그래도 아직 내 몸은 견뎌내고 있었다. 낭트에 도착한 지 그렇게 이틀을 내내 누워 있었다. 사흘째가 되던 날 저녁 가까스로 일어나 거울을 보니 웬 낯선 남자가 나를 바라보고 있었다. 심지어 허기를 느낀 나는 그날 저녁 먹다 남긴 식빵과 소시지를 주섬주섬 주워 먹었다.

이 도시에 도착한 지 나흘째가 되어서야 거의 탈진한 몰골로 오랜만에 면도를 하고 샤워를 한 다음 거리에 나섰다. 프런트의 사내는 내 모습을 보고 반갑다는 듯이 봉주르, 인사를 했다. 마치 그 눈빛은 난 당신이 소설가라는 걸 잘 알고 있고, 아마도 이틀 동안 방에 처박혀서 좋은 글을 쓴 모양이군, 우리 호텔에는 그런 분들이 많이 찾아오시지, 하여튼 축하해, 라는 인사를 보내는 것만 같았다. 거의 가까스로 걸어 나갔다. 다행히도 그날 날씨가 화창했다. 그것만은 분명히 기억이 난다. 여기저기 맛집(처럼 보이는 레스토랑)을 찾아다닐 엄두가 나지 않았다. 그저 눈에 보이는 집에 들어가겠다고 결심했다. 하지만 절대로 프랑스 음식을 먹지는 않을 거야, 라는 원칙 하나만 세웠다. 치즈와 버터가 범벅이 된 음식을 먹는 건 상상도 할 수 없었다. 그렇게 되면 이 나라에서 선택은 둘 중 하나다. 베트남 음식을 먹든지 태국 음식을 먹는 수밖에 없다. 아, 나에겐 뜨거운 국물이 필요해. 하지만 중국집은 안 돼, 정신을 차려야 해. 나는 프랑스에서 맛있는 중국집과 일식집을 가본 적이 없다. 그들은 대부분 국적 불명의 음식을 내놓은 다음 어마어마한 액수의 전표를 내밀곤 했다. 눈앞에 보이는 태국 음식점에 들어갔다. 이름을 발음할 수 없는 국수와 해물이 사진에 있는 볶음밥을 시켰다. 아직 저주가 끝나지 않았다. 내 식탁 위에는 거의 기름 범벅이라는 걸 알려주는 무늬가 국물 위에 둥둥 떠 있는 국수와 척 보아도 버터로 거의 죽을 만들다시피 한 볶음밥이 놓였다. 나는 잠시 이걸 먹어야 하나, 라는 고민을 시작했다. 하지만 지금은 구두를 삶아서 내주어도 먹을 수 있을 것만 같았다. 심호흡을 하고 그걸 먹는 순간 거의 조건반사처럼 그 느끼함에 식도가 역류하였다. 먹어야 한다, 는 결심과 넌 이걸 먹으면 더 흉한 꼴을 보게 될 거야, 라는 만류가 맹렬하게 일 초 동안 싸웠다. 승부는 간단했다. 그냥 일어나서 계산을 하고 나갔다. 주인이 이상한 표정으로 보긴 했지만 여긴 남의 사정에 대해서 무관심한 것이 예의인 나라다. 나는 우두커니 사방을 둘러본 다음 낭패한 표정으로 익숙한 할아버지가 문 앞을 지키는 가게에 들어섰다. 켄터키 프라이드치킨이라니, 서울에서도 먹지 않는 패스트푸드점에 들어서면서 아, 그래도 그냥 이게 안전한 거야, 라며 나를 달랬다. 지구 반대편에 있는 프랑스 낭트까지 와서 탈진한 몰골로 켄터키 프라이드 치킨을 혼자 먹고 앉아 있는 한국 남자를 떠올려주시기 바란다. 하지만 이것만은 고백하고 싶다. 이건 내가 먹어본 가장 맛있는 켄터키 프라이드 치킨이었다. 마치 고양이가 생선을 발라먹듯이 나는 뼈까지 허겁지겁 핥아먹었다. 그런 다음 약간 허탈한 기분이 되었다. 무조건 맛있는 커피를 마셔야만 해. 비로소 허기를 면한 나는 약간 산책을 한 다음 그냥 감을 믿고 카페에 들어섰다. 그리고 아주 느리게 커피를 마셨다. 아마 이것이 내가 낭트에서 맛본 유일한 행운이었을 것이다. 세상에, 커피 한 잔을 마시러 여기까지 오다니. 왜냐하면 나는 다음 날 오전에 낭트를 떠나야 했기 때문이다.

정말 어떤 미련도 없었다. 나는 두번째 낭트 여행을 완전히 망쳤다. 이것도 추억이라고 나를 달래고 싶었지만 얼른 이 나쁜 운으로부터 떠나고 싶었다. 나는 아주 조심스럽게 돌아왔다. 그 이튿날 파리에서 하루를 더 머물렀지만 책방에 들른 다음 영화를 한 편 본 게 전부였다. 심지어 무슨 영화를 보았는지 지금 전혀 기억나지 않는다. 그렇게 돌아왔다. 물론 여기 덤이 있다. 이번에도 내가 먼저 김포공항에 도착했고 에어프랑스는 내 짐이 내일 도착한다고 일러주었다. 나는 공항을 나서면서 맹세를 했다. 두 번 다시 이 항공사를 이용하지 않을 거야. 나는 그 맹세를 아직까지 지키고 있다.

정성일 / 영화감독, 영화평론가. 《키노》의 편집장을 지냈다. 영화 〈카페 느와르〉와 〈천당의 밤과 안개〉 등을 연출했다. 지은 책으로 『언젠가 세상은 영화가 될 것이다』 『필사의 탐독』 등이 있다.

파라다이스에
혼자
남겨지면

글·사진 정세랑

어떤 날 8 travel mook

오래된 농담 때문에 하와이를 여행하는 자매들에 대한 소설을 쓰기로 결심했다. 자료 조사를 위해 호놀룰루행 티켓을 끊었다. 8박 10일의 여행을 계획할 때만 해도 알지 못했다. 내가 하와이에 혼자 남겨지리라는 걸.

3년 반 연애하고, 2년 반 결혼생활을 한 W가 동행인이었다. W가 일부러 나를 두고 가버린 건 아니었다. W의 직장에서 말도 안 되는 이유로 휴가를 방해했다. 실제 업무도 아니고, 의전 때문에 중간에 돌아가게 만들다니 믿을 수 없었다. W는 급하게 표를 바꿔 5일만 있다가 돌아가게 되었다.

□ 나도 같이 돌아갈까?

내가 묻자 W가 고개를 저었다.

▽ 8일도 사실 너무 짧잖아.

그렇게 해서 나는 사흘 동안 혼자 낙원에 남겨졌다.

하와이엔 '웰컴 투 더 파라다이스'라고 쓰인 자동차 범퍼 스티커가 흔했다. 무지개가 살짝 걸려 있기도 했다. 나는 한 번도 내가 사는 곳을 '낙원'이라 불러본 적이 없어서, 그 스티커들이 신기했다. 운전자들이 유난히 친절한 곳이었다. 신호등이 없는 교차로에서 서로 양보했다. 한 번은 우리 쪽이 양보했더니 양보 받은 차 창문에서 손이 쓰윽 나와, 흉내 낼 수 없는 그루브의 손짓으로 감사 인사를 해왔다. W와 나는 그 손짓을 따라해보려고 몇 번이나 연습했지만 실패했다. 낙원에서 나고 자라야 할 수 있는 손짓임이 틀림없었다.

W가 먼저 돌아간 것 자체도 아쉬웠지만, 두 사람 중 W만 운전을 할 수 있다는 게 큰 타격이었다. 시내를 벗어나면 아무도 걸어다니지 않는 하와이를 혼자 걷기 시작하자, 하와이 사람들은 나를 동정의 눈길로 돌아보았다. 원조 허니문 여행지에 가족 여행지인지라 혼자인 사람도 걷는 사람도 정말 드물었던 것이다.

여행의 목적 중 하나는 가볍게라도 훌라를 배워보는 것이었다. 로열 하와이안 센터에서 월요일, 화요일, 금요일 오전에 배울 수 있다는 걸 미리 알아두었다. 하와이 사람들은 로열 하와이안 센터에 대해 말할 때 자부심을 드러냈다. 현지 자본으로 지어졌고, 교육기관 소유이기도 하며, 여러 문화 프로그램을 꾸준히 운영하고 있어서였다.

오전의 와이키키 햇빛, 아름다운 정원 안쪽 잔디 위에 맨발로 섰다. 전 세계에서 온 여성들 70명쯤과 함께 훌라를 배웠다. 가장 기본적인 동작을 배웠는데 바람에 흔들리는 야자수를 표현하는 동작이 특히 마음에 들었다. 훌라를 한 시간 추고 나자, 안쪽 깊은 곳 어딘가에 부드러운 파도가 닿아 무언가 영원히 달라진 것만 같은 기분이 들었다. 물론 그 한 시간 동안 전 세계에서 온 할아버지들이 신나게 캠코더로 우리를 찍어갔는데, 누군가의 여행 기록에 춤추는 점으로 남아 있을 걸 떠올리면 웃음이 난다. 동시에 내 몸이 그때 배운 훌라를 거의 잊었다는 것에 이상할 정도로 슬픔을 느낀다. 함께 춤을 추던 지구 곳곳에서 온 여성들은 모두 자기 도시로 돌아갔을까? 오늘은 어떤 날씨를 맞았을까? 가벼운 우정으로 상상해보기도 한다. 언젠가 하와이 소설을 완성하면, 그래서 책으로 나오면 독자들과 함께 모여 훌라 선생님을 모시고 한 시간 동안 훌라를 배우고 싶다. 한마디 말도 없이, 그 특별한 유대감 속에서.

레이 만들기 수업도 들었다. 마음껏 수업을 들을 수 있어 기뻤다. W가 있었다면 그러기 쉽지 않았을 것이다. 여행을 할 때 W는 미식에 집중하는 편이었고, 나는 아무거나 먹고 그 시간에 이런저런 경험을 하고 싶어 했다. 그 문제로 몇 년 전 베를린 박물관 섬에서 크게 싸운 이후로 서로의 다른 점을 존중하게 되었다. 레이의 의미에 대해 잠깐 듣고, 실과 바늘을 나눠 받았다. 꽃을 꿰는 바늘이 어찌나 긴지 깜짝 놀랐다. 꽃바구니 가장자리에 모여 서서, 신중하게 꽃을 골라 제자리로 돌아왔다. 하와이 이곳저곳에 꽃목걸이가 걸려 있기에 만들기 쉬울 줄 알았더니, 꽃잎이 쉽게 찢어지고 실도 흩어져서 보통 어려운 일이 아니었다. 레이는 아주 조심스러운 손가락으로만 만들 수 있는 거였구나, 무척이나 소중해지고 말았다. 훌라를 추기 위해 긴 치마를 입은데다 레이까지 목에 걸곤, 현지인처럼 보이고 싶어 하며 어슬렁거렸다.

오후에는 아쿠아리움에 갔다. 스노클링을 하며 본 해양생물에 대해서 더 알고 싶었다. 산호가 얼마나 천천히 자라는지 배웠는데, 사람 키 정도 자라기 위해 수백 년이 걸리기도 한다고 했다. 유니콘 피시

COMPLIMENTARY
HULA
LESSON
MONDAY, TUESDAY AND FRIDAY
WEDNESDAY

와 해마를 신나게 구경했다. 해마는 그렇게 수영을 잘하게 생겨서는 의외로 서툴러서 해초에 꼬리를 말고 매달려 파도를 피한다고 한다. 문어도 인기였는데 지능이 높아 먹이를 그냥 주면 심심해하기 때문에 플라스틱 반찬통에 넣어준다 해서 웃고 말았다. 오디오 설명의 마지막 부분에서는 제발 샥스핀과 해마 말린 것을 먹지 말아달라는 부탁의 말이 이어졌다. 특히 동북아시아에서 변화가 필요하다고 간절히 말해와서 부끄러웠다. 무슨 일이 있어도 멸종 위기종을 먹지 않는 사람이 되어야겠다고 마음먹었다.

서점에 가서 현지 출판사에서 나온 책들을 구경하는 것도 빠뜨릴 수 없었다. 영어로 된 책은 빨리 읽지 못하는 편이라 짧은 청소년용 책을 한두 권 샀다. 무겁지만 않으면 책만큼 좋은 기념품이 없을 텐데 말이다. 한 권은 하와이의 새에 대한 책이었다.

□ 새와 물고기의 수호자가 될 거야. 산호의 친구가 될 거야.

그렇게 잠결에 결심했는데, 하와이를 여행하고 그렇게 결심하지 않는 사람은 많지 않을 것이다.

차 없이 오아후를 여행하려면 트롤리를 이용하는 게 가장 나은 듯해, 둘째 날은 미술관을 목표로 레드 트롤리 일일이용권을 끊었다.

호놀룰루 미술관은 기대 이상이었다. 해변이 그렇게 멋지면 모두 해변에만 있을 것 같고 미술관엔 관심 없을 것 같은데 그렇지 않았다. 역사와 규모, 소장품 수준이 굉장했다. 큐레이션도 유머러스하고, 심지어 중간중간 휴식용으로 놓인 의자들까지 작품이어서 세 시간쯤 머물고 말았다. 특히나 좋았던 건 조지아 오키프의 폭포 그림이었다. 오키프가 하와이를 방문했을 때 그린 그림인데, 대표작인 꽃 그림을 보았을 때보다 더 충격받았다. 소설이든 그림이든 다른 어떤 장르든 간에 머릿속에서 끝없이 되풀이되는 작품들이 있는 것 같다. 최초의 충격과 그 반향, 그것에 중독되어 예술을 애호하게 되는 게 아닐까.

레드 트롤리의 트롤리 기사는 가이드를 겸해서 오아후 곳곳에 대해 풍부한 설명을 해준다. 미술관을 나와 다시 탄 트롤리의 푸지 씨는 보통 해박한 분이 아니었다. 하와이 사람들이 얼마나 큰 파도를 간절히 기다리는지, 서핑 대회의 역사는 어떤지, 식물원에서 가장 유명한 식물은 어떤 식물인지, 공동묘지에 묻힌 가장 이름 난 사람은 누구인지, 차이나타운의 붉은 벽돌들은 어디서 왔는지, 하와이 왕가의 시작과 끝은 또 어땠는지……. 흥미로워서 내리지를 못했다. 푸지 씨는 워드 센터에 이르러 피자 가게 앞에 잠시 트롤리를 멈추었다.

… 여러분, 제 약혼자가 일하는 가게예요. 하루에 세 번
이 앞을 지나는데 지날 때마다 인사를 합니다.

가게 안쪽에서 푸지 씨의 약혼자가 쑥스러워하며 인사를 했다. 첫번째 결혼은 실패했지만 인생의 완숙기에 다시 사랑하는 사람을 만

났다고 스쳐가는 트롤리 승객들에게 푸지 씨는 웃으며 말했다. 그 주 토요일에 결혼식이 예정되어 있었다. 두 사람은 결혼식을 즐겁게 치렀을까? 가끔 궁금하다. 내가 다음에 그곳에 간다면 그대로일까? 그렇지는 않을 것 같다. 근처에 곧 철도가 들어올 거라고 했다. 개발로 풍경이 많이 바뀌게 될 거라고 말이다.

… 하와이의 부동산은 항상 들썩거려요. 여기는 커다란 모노폴리 판이나 마찬가지예요.

푸지 씨가 인상을 찌푸리고 말했다. 모두가 낙원의 한 조각을 소유하고 싶어하겠지. 착잡해졌다.

레드 트롤리에서 내려, 호놀룰루 동물원까지 걸어갔다. 우산이 없었는데 비가 쏟아졌다. 아프리카 펭귄, 코모도 도마뱀과 비를 맞아야 했다. 그런데 하와이의 비에는 체온을 빼앗기지 않는다는 걸 깨닫고 놀랐다. 동물원에서 키우는 오리들이 이 우리에서 저 우리로 자유롭게 넘어다니는 걸 한가로이 구경했다. 육식동물 우리도 있는데 괜찮은 걸까 싶었다.

치타 우리 앞에서였다.

… 어디 깊은 곳에 들어가버렸나봐, 안 보이네.

한무리 사람들이 목을 빼고 치타를 찾다가 실망해서 돌아갔다. 그런데 그러자마자 전망유리 바로 아래에서 치타가 유연하게 일어났다. 시선의 사각에 숨어서 사람들을 놀리다니, 너무 고양이 같아서 깔깔거렸다.

밤의 와이키키를 끝없이 걷다가, 팬케이크 전문점에 들어갔다. 팬케이크에 버터를 얹어주면서 시럽도 버터 피칸 시럽인 게 멋졌다. 이중의 버터를 음미하며 몸을 말렸다. 사람들이 힐끔힐끔 쳐다보았지만 신경 쓰이지 않았다. 비에 젖은 회색 옷의 여자가 밤늦게 팬케이크를 먹는 장면이 좀 그런가? 워낙 혼자 밥도 잘 먹고, 영화도 잘 보는 편이이었는데 하와이에선 동행인 없이 여행하면서도 내내 웃을 수 있다는 걸 깨달았다. 망한 줄 알았는데 신이 났다. 마음이 편했다.

마지막 날엔 비숍 박물관에 가기로 했다. 역사교육과 출신이다보니 박물관의 비읍 자만 봐도 가슴이 뛴다. 어쩔 수 없다. 비숍 박물관은 시내에서 약간 떨어져 있어서, 차를 렌트했더라면 15분 만에 갔을 거리를 버스로 1시간 10분에 걸쳐 가야 했다. 하지만 천천히 가는 게 그리 나쁘진 않았다. 버스 기사는 몸이 불편한 사람들이 차에 오르고 내리는 걸 재촉하지 않고 기다렸다.

바람이 심하게 부는 흐린 날이었지만, 비숍 박물관의 전경은 매우 아름다웠다. 비숍 박물관은 1889년 찰스 리드 비숍이 아내이자 하와이 왕조의 마지막 후손인 파우아히 공주의 죽음을 기리며 만들었다. 원래는 학교의 일부였다가 학교가 부지를 옮기며 박물관으로 확장되

1889
BERNICE P BISHOP
MUSEUM

Leonard's
BAKERY
Leonard's
CUSTOMER PARKING
BUMP
STOP
DIP

었다. 태평양 섬들의 자연과 문화에 대해서 아주 이름 높은 곳이라는 소개를 읽고 갔는데, 과장이 아니었다. 고풍스러운 건물은 풍부하게 채워져 있었고 박물관 곳곳에서 거의 온종일 강연이 열린다. 마침 도착하자마자 하와이 신화에 대한 강연이 있었다.

… 모든 것은 산호로부터 태어나고,
산호는 검은 것으로부터 태어납니다.

멋진 모자를 쓴 도슨트 할아버지가 말했다. 많은 신화가 하늘에서부터 시작되곤 하는데, 하와이 사람들은 물밑 산호에서 시작된다고 생각했다는 점이 신기했다. 빛이나 흰 것이 아닌 검은 것에서 태어나는 산호라니. 강의는 흥미진진했다. 평화의 신 로노는 목에 죽은 알바트로스를 걸고 다닌다고 했고, 상어와 가오리와 거북이를 거느리는 바다의 신, 민물과 숲의 신 이야기도 들었다. 연이어 현대의 노력으로도 완벽하게 재현하기 어려운 폴리네시아인들의 항해 기술에 대한 강의도 잠깐 듣고, 천문관에 가서는 하와이에서 관측 가능한 별들에 대해서 배웠다. 과학관에서 화산 모형을 한참 들여다보기도 했고 말이다.

메모장을 촘촘하게 채운 채로, 다시 버스를 탔다. 정류장까지 가는 길에 다른 보행자를 한 명도 만나지 못했다. W가 있었다면 오픈카를 빌려서 신나게 달렸을 텐데……. 날씨가 좋지 않은 게 그나마 위안이었다. 버스를 한 번 갈아타고, 말라사다 도넛을 사먹으러 레오나

즈 베이커리에 가기로 했다. 줄을 서서 기다리는데 도넛이 끝없이 나왔다. 오래 기다리지 않고 나도 도넛을 받을 수 있었다. 겉보기엔 평범한 옛날 도넛 같았지만, 한 번도 경험해보지 않은 어마어마한 맛이었다. 막 나와서 파삭하고, 달콤하고, 지금껏 태어나 먹어본 어떤 도넛보다 밀도가 낮았다. 솜사탕과 도넛의 중간쯤이라고 표현하면 이상할까? 행복한 맛이었다. 사탕수수 산지라 그런지 설탕부터 달랐다. 설탕이 아니라 무슨 마법의 가루 같았다. 여섯 개를 사서 순식간에 두 개를 먹어버렸는데 나머지는 W에게 가져다주기로 결심했다. 다음 날 비행기를 타니까, 함께 한국으로 날아가기로. 물론 막 나왔을 때의 그 환상적인 맛은 전하지 못했다.

도넛을 숙소에 보물처럼 모셔두고 와이키키 해변으로 내려갔다. 살짝 시들기 시작한 레이의 꽃잎을 떼어 바닷물에 던졌다. 파도에 꽃잎이 다시 해변으로 쓸려오면 하와이에 다시 올 수 있다는 뜻이라고 했는데 웬걸, 멀리멀리 가버려서 섭섭했다. 레이 선생님은 레이를 목걸이째 바다에 던져서는 안 된다고도 당부했었다. 거북이나 물고기가 실을 삼켜서 죽는 일이 잦다고 말이다. 별것 아닌 면실만으로도 그렇게 아름다운 생물들이 죽는다. 죽어버린다. 예전에도 그랬지만 하와이에 다녀와서는 더더욱 이벤트용으로 풍선이나 소원 등을 날리는 행위를 싫어하게 되었다. 아무리 뜻이 좋다 해도, 보기 좋다 해도 다른 생물을 해치는 일일 뿐이다. 이기적인 인간중심주의에서 벗어나지 않으면 안 될 시기가 곧 올 것이다.

꽃잎을 몇 개 떼어내고 남은 레이 목걸이는 하와이의 서핑 영웅인 듀크의 동상 팔에 걸어주었다. 동상에 기어 올라가는 게 쉽진 않았지만 다행히 넘어지지 않았다. 듀크, 나의 마지막 서핑을 응원해줘요, 하고 속으로 바랐다. 사실 며칠간 보드 대여 숍에서 초보가 타기엔 파도가 너무 거칠고 이안류도 위험하다고 대여를 거절당한 참이었다.

… 오늘만 여덟 명이 구조되었어요.

아홉번째로 구조될 관상인 걸까. 여행 마지막 날이라고 대여 숍 직원을 설득해, 서서 타는 패들 보드를 빌렸다. 연안에서만 조심해서 타고 멀리 가지 않겠다고 약속했다. 처음 서핑을 배웠을 때는 소금물을 너무 많이 먹어서 토할 뻔했다. 어찌나 계속 보드에서 떨어졌는지. 어렵고 위험한 운동이었다. 방향 조절을 잘하지 못해서 죽은 산호 위로 떨어지곤 했던 것이다. 래시가드를 입었는데도 팔꿈치에서 피가 났다. 소설의 리얼리티를 위해 흘린 피였다. 마지막 날 빌린 패들 보드는 일반 서핑 보드보다 길어서 더 안정적이었지만, 앞으로 한 번 뒤로 한 번 넘어졌다. 아픈 뒤통수와 무릎을 문지르며 보드 위에서 지는 해를 바라보았다.

그런데 기분 좋게 해변에 다시 올라왔더니 신발이 없었다. 엥? 마지막 날 저녁에? 하와이, 나한테 이러기냐? 다행히 돈도 가방도 다 있었다. 신발만 감쪽같이 없었다. 새 것도 아니고 비싸지도 않은 스케

처스 운동화였다. 게다가 바닷물에 젖어 있었는데 대체 왜 그걸 훔쳐 갔을까? 숙소에도 가야 하고 한국에도 가야 하니, 하는 수 없이 바로 길 건너 신발 가게로 들어갔다. 애써 털고 들어갔지만 발에서 모래가 묻어났다.

□ 누가 제 신발을 훔쳐가서…… 미안해요!

… 아아, 해변엔 버리기 직전의 쓰레기 같은 신발을 신고 가야 하는데. 몰랐군요?

친절한 직원 분이 신발을 신어볼 수 있도록 티슈와 일회용 스타킹을 주셨다. 돌아가면 2월의 겨울이었으므로 샌들이 아닌 앞이 막힌 로퍼를 골랐다. 하와이를 닮은 알록달록한 것으로.

… 이곳에 대한 기억이 나빠지는 거 아니에요?

계산을 해주며 직원 분이 물었다.

□ 아뇨. 그래도 하와이가 그리울 것 같아요.

이런 곳에 사신다니 너무 부러워요.

… 그렇지도 않아요. 저는 저축해서 본토로 가는 게 꿈인걸요.

□ 왜요?

… 물가가 너무 비싸거든요.

HAFA
ADAI
&
ALOHA
FROM
Fökai
PACIFIC
1008

정세랑

파라다이스에 혼자 남겨지면

밤늦게까지 새 신발을 신고 걸었던 기억이 난다. 밤거리의 활기를 동영상으로 찍었는데, 누군가 지나가다 손을 흔들어주었다. 서핑 보드가 잔뜩 기대어진 곳에서 우쿨렐레를 치는 사람을 보았다. 바닥에 새가 떨어뜨리고 간 붉은 깃털을 보았다. 얼마나 다시 오고 싶어질지 눈물이 났는데, 그때 생각했던 것보다도 강렬하게 하와이가 그립다. 그곳의 공기가 그립고, 체온을 빼앗아가지 않는 따뜻한 빗물이 그립고, 도무지 카메라에 잘 잡히지 않는 무지개가 그립다.

다음 날, 공항에서 체크인을 하는데 모니터를 보던 지상직 직원분의 눈이 흔들렸다. 두 사람이 함께 왔다 따로 돌아가는 기록이 남았을 텐데, 순간적으로 극적인 스토리를 구성하신 게 아닌가 싶다. 엉뚱하게 비즈니스석으로 업그레이드를 받은 것이다……. 기뻤지만 아무래도 사연 있는 사람으로 오해받은 것 같다.

돌아와서는 모니터 바탕화면을 와이키키로 바꾸었다. 아침에 눈뜨자마자 하와이였으면, 하고 바라는 날들이 있다. 그리고 아직 한 자도 쓰이지 않은 상태의 소설이 남았다.

정세랑 / 소설가. 『이만큼 가까이』 『보건교사 안은영』 『피프티 피플』 등 여섯 권의 장편소설을 썼다.

epilogue

우리는 참 많은 풍문 속에 삽니다. 인생을 풍문 듣듯 산다는 건 슬픈 일입니다. 풍문에 만족하지 않고 현장을 찾아갈 때 우리는 운명을 만납니다. 운명을 만나는 자리를 광장이라고 합시다.

- 최인훈 『광장』 중에서

사진 / 이지예

Ford
HAWAII
STATE B379
ALOHA STATE

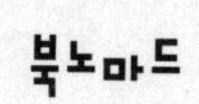
북노마드